高等院校设计专业精品教材

游心太玄

——建筑速写的方法及作品解析

苏 勇 著

中国林业出版社

图书在版编目（ＣＩＰ）数据

游心太玄：建筑速写方法与作品解析 / 苏勇 著. —— 北京：中国林业出版社，2015.1
ISBN 978-7-5038-7839-8

Ⅰ.①游… Ⅱ.①苏… Ⅲ.①建筑艺术 – 速写技法 – 高等学校 – 教材 Ⅳ.①TU204

中国版本图书馆CIP数据核字(2015)第016574号

中国林业出版社·建筑与家居出版分社
责任编辑：李 顺 唐 杨
出版咨询：（010）83143569

出 版：中国林业出版社（100009 北京西城区德内大街刘海胡同 7 号）
网 站：http://lycb.forestry.gov.cn/
印 刷：北京卡乐富印刷有限公司
发 行：中国林业出版社
电 话：（010）83143500
版 次：2015 年 7 月第 1 版
印 次：2015 年 7 月第 1 次
开 本：889mm×1194mm 1/16
印 张：22.5
字 数：300 千字
定 价：128 .00 元

最远与最近的乡愁
——读苏勇的建筑速写

对于每一个建筑师而言，速写是初入学门的必修课，既锻炼对建筑的观察与认识，也锻炼建筑造型表达的能力。但是，很多人将速写止步于基本功训练，并无他求。所以，当我看到苏勇这本《游心太玄——建筑速写的方法及作品解析》时，伴随着阅读的展开我油生感动，是他对于建筑速写的坚持乃至忠诚令我感动。他通过速写记录了自己的所游所访和所观所感，更通过一幅幅速写贴近了建筑的存在，找到了建筑的灵魂。我们常说："勿忘初心，方得始终"，在坚持速写这一点上，他超越了一般的建筑师；特别是在电脑技术使建筑绘图完全数字化的时代，他仍然不改初衷、笔不离手，展现出将建筑速写进行到底的毅力，这就使得建筑速写在他这里得以超越一般的意涵而获得内在的升华。另外，苏勇将速写手稿集结成册，作为教学的范本，又显示出他作为一名建筑教师的职责。

这本画册收录了苏勇从 1995 年开始至今 20 年间的建筑速写，其中的内容十分丰富，不仅有都市现代建筑，更多的是古代建筑、乡土建筑、民族建筑，也即在今天被称为"文化遗产"的建筑，其中大量的民居建筑体现了他对乡土文化的热爱，对乡村生活的情怀。我们可以从苏勇的建筑速写中看到民居建筑的历史文脉与存在现状，更可以从时间的流转中看到民居建筑遗存的价值，因此他的每一幅速写，又像一幅幅历史的纪录，记录了南国与北方建筑形貌与形态的差异，记录了民居建筑及其环境的美学特征。这些建筑，是今日文化记忆的视觉载体，也有许多是过往生活的空间，它饱含着人们对往事、对家园的思念，而这，就是"乡愁"。

苏勇对于建筑的用心之处，除了速写之外，在于阅读建筑。他知道作为建筑师的速写不仅在于描绘出建筑的形体和结构，还要悉心研究和领会建筑的布局、风格和建造的技术方法，于此，随着视线的穿行与移动，他捕捉了所画对象最为明显的特征，在整体勾勒的基础上着重刻画那些被他关注的建筑细节与特征，使每一幅作品富有引人入胜的"画眼"。

在速写之外，还有他为画面所配的文字，这些文字是苏勇直面建筑的临场感受，是与建筑对话的内心独白，是一种学术调研的成果。例如，在《丽江的水与桥》中，苏勇写道："丽江以保存完好的古城和密布全城纵横交错、精巧独特的水系著名，而有水就有桥，水与桥成为丽江街道独特的空间元素。"在《汉藏合一——塔与寺》中，他分析了建筑的特色："寺庙的建筑涵盖了汉族宫殿与藏族平顶的风格，独具匠心地把汉式重檐歇山顶与藏族檐下麻边墙、中镶金刚时轮梵文咒和铜镜、底层镶砖的形式融为一体。"这些研究性的文字和画面相辅相成，使他的速写成为建筑的视觉赏析与阅读引言，其中透溢出理性的思考与感性的表达相结合的治学态度，重要的是提示我们如何发现建筑遗存的文化精髓与美学价值，如何感受建筑与文化环境的关系。通过亦画亦写的表达与长时间对乡土建筑的考察与研究，苏勇将这些成果带入教学，足以启发学生看重建筑本身的自然文脉和社会发展的历史文脉。

值得肯定还有苏勇的绘画禀赋。很多人将建筑速写变成机械、呆板的技术工作，画面毫无生气可言，苏勇的建筑写生却充满天真的发现与灵动的表现。他用艺术的眼光处理看到的一切，使每一条小巷、每一处建筑都表现出诗意的情境。我们从《西递寻常巷陌》中仿佛看到了戴望舒笔下的"雨巷"，从《廊桥遗梦》中兴许看到了徐志摩在四月天里悠行的小巷，从《菜园坝印象》中好似看到了沈从文笔下"边城"的街景。苏勇不是单纯的遥望建筑，他是在触摸建筑，在走近和走进每一座建筑的过程中叩问建筑的身世，发现了每一座建筑的独特之美。因此，我们从苏勇记录的建筑中读到了细腻的"人情"与"诗意"。

苏勇坚持硬笔速写，用极为干净利落的线条勾勒出清晰的画面结构，以点、线、面的组合塑造出疏密相间的景致，同时表现出了不同地域中建筑的独特质感。面对复杂的建筑群落与建筑形态，他以"计白当黑"的方式提炼形象，在黑、白、灰的分布上讲求画面的节奏与韵律，线条果断而流畅，并且善于运用不同质感的线条传达出形象的表情与情景的意境，具有很高的艺术性。当苏勇将其速写稿整理成册时，展现在我们眼前的还有他进行建筑速写的方法，包括透视原理、构图经营、方法步骤与练习技巧等，这是作为一名建筑教师的用心。在这个层面上，这些速写体现了他教学上的责任。苏勇将他的实践经验总结出来，使更多的学生能够从建筑速写中吸收丰富的营养，建立起从建筑速写中通往设计的理想。

也许，苏勇笔下的建筑在今天已经物是人非，但苏勇用他的方式为我们留下了最为纯真的记忆。20 年如一日的坚持，在这个瞬息万变的时代中显得尤为珍贵。如今，在急剧的都市化与城镇化进程中，乡土建筑受到愈发普遍而强烈的关注，它们是我们文化的"乡愁"；对于建筑师而言，当速写成为一门基本功被淡远乃至遗忘时，速写又成了建筑设计创作的"乡愁"。祝愿苏勇可以将建筑速写坚持下去，他所坚守的是人们对于建筑、对于生活、对于记忆的怀念，而这所有，都是最远的与最近的乡愁。

是为序。

中央美术学院院长

2015 年 1 月

前言

　　建筑速写，作为训练设计师造型能力和艺术表现力的一种主要工具，对于建筑师、城市规划师和环境艺术设计师而言，应该是其从初学入门到职业生涯结束都不可缺少的伙伴。敏锐地感知环境与建筑的关系，准确地捕捉建筑造型的特点和迅速地表现建筑对象是建筑速写的首要任务，当经过刻苦训练，跨越写实与再现的初级阶段之后，建筑速写就会成为设计师诉说自身情感、表达创作意境的一种视觉语言，因此，无论设计还是绘画，建筑速写既是学习造型艺术的一门艺术技能，也是提高文化和艺术修养的一种表现工具。

　　在中央美术学院任教以来，每年我都会带学生下乡进行古建筑测绘工作，在教学过程中我提倡理性结合感性的教学方法，强调让学生不仅要从数字角度了解古建筑的特点，而且要从形象角度加深对古建筑的认识，因此除要求学生每天完成必须的测绘作业之外，还要求学生完成一定数量的建筑速写，我自己也身体力行，正因为如此，多年来也积累了一批建筑速写的习作。在教学过程中，我还针对不同专业学生的特点，制定了不同的建筑速写教学重点。例如，对于建筑学专业的学生而言，建筑速写首先要求准确地表达建筑，要注重与建筑造型能力有关的比例、尺度、细部、构造、装饰等，在此基础上强调对环境的感知，为以后建筑设计的研究和建筑徒手表现做好铺垫。而对于景观园林和室内设计专业的学生而言，建筑速写首先关注的是对建筑与环境关系的把握和表达，强调画面整体氛围的塑造，在此基础上，注重建筑的准确性，为以后景观和室内的设计以及表现画做好准备。其实，无论是从建筑到环境，还是从环境到建筑，建筑速写传达的是不同的专业方向的不同专业视角，相同之处则是建筑速写所训练的造型能力是所有设计类专业的共同基础。

　　在我所承担的高年级建筑设计和城市规划课程中，我还发现伴随着同学们在资料收集和整理过程中日益依赖于数码相机和互联网，在设计过程中日益依赖于电脑和模型进行制图和表现，建筑速写这一建筑师最便捷，最高效的交流和表达手段却正在退化，设计与绘画之间紧密而微妙的联系正在被技术所解构，这是一个令人担心的趋势。众所周知，建筑速写为建筑设计工作提供了创造的素材；速写的过程既是描摹世界、再现世界的过程，也是观察世界、认知世界的方法；既是收集素材，积累资料的手段，又是捕捉灵感，交流思想的工具；它是如此重要，以至于我们必须把它提到与职业生涯相伴的程度。每个从事设计专业的人士都应该终其一生坚持建筑速写，用钢笔记录，用钢笔创作，用钢笔思考，用线条交流。就如同安格尔告诫年轻的德加："要画素描，多画素描，不论写生还是根据记忆默写，这样你就会成为出色的画家。"一样，只要你不停地画建筑速写，多画建筑速写，不论写生还是根据想象创作，你就会成为出色的设计师。

　　本书分为上篇下篇两个部分，上篇是对建筑速写理论的一个介绍，包括建筑速写概述、建筑速写工具与材料，建筑速写方法，建筑速写的训练，四个章节。下篇是对建筑速写作品的解析，包括建筑速写，建筑慢写和建筑设计草图三个章节，采用图文并茂的方式进行分析，希望能够让读者学会如何观察建筑、如何体验环境以及如何表达建筑与环境。

苏　勇

2014 年 12 月

目录

上篇　建筑速写的方法

1 建筑速写概述

1.1 建筑速写的定义

建筑速写是指画家和设计师在进行艺术创作活动和设计资料收集过程中，以客观的建筑物为对象，进行快速描绘的一种绘画表现形式，它界于建筑艺术和绘画艺术之间，是表现和研究"建筑"的绘画艺术。这种将客观物象转变为艺术图形的创作活动，是通过画家和设计师对建筑场景的观察和选择，构图的推敲和经营，细节的描绘和刻画、配景的选择和搭配等工作来完成的。

对于广大建筑、规划、室内设计工作者而言，建筑速写是一门必须要掌握的基本技能，它既能够方便快捷地记录身边优美的建筑场景，也可以准确地记录方案构思过程中的点点滴滴思想、生动表达形体推敲和细部深化的结果，同时还能够潜移默化地提高设计师的审美水平、造型能力以及艺术修养。可见，建筑速写对于一个设计师的技能与修养都是非常重要的。然而，随着当前计算机技术大量应用于设计，设计师们日益习惯于依赖电脑绘图，徒手绘画的机会越来越少，所以，通过不断地画速写来训练艺术表现能力，保持设计师的创作激情，提升对建筑的审美体验能力，就显得尤为必要（图 1）。

1.2 建筑速写的意义与作用

1.2.1 提高设计师的艺术修养

艺术修养是包括绘画者和设计师在内的所有造型工作者拥有的基本素养与综合素质，可以说艺术修养水平的高低决定了艺术家所能达到的艺术高度。因此，只有提高了艺术修养，具备了较高的欣赏水平，才能整体提升建筑速写作品的艺术水准，并最终创作出超越于技术层次之上的建筑艺术作品。

对于造型工作者而言，艺术修养的提高首先是通过绘画技能的提高而提高的。绘画技能包括运用绘画的观察、抽象和表现等方法组织、协调画面的技巧和能力，而这些也正是建筑速写的基础。因此，通过建筑速写的训练我们就可以掌握绘画的一般性规律，也就能够做到熟练地观察抽象、经营构图和进行画面的艺术表现等。而这正是一条经由提高我们的绘画技能而最终提高我们的艺术修养的道路。

1.2.2 培养设计师的创造力

通过建筑速写，设计师可以锻炼深入地观察对象，概括地表现对象的能力，可以体会到建筑速写与绘画在艺术造型规律上的一致性和共同点。在速写过程中，创造力所必须的抽象能力、逻辑能力、表达能力、形式能力都得到了很好的锻炼著名的现代主义建筑大师柯布西耶就非常强调建筑速写在建筑师创造力培养方面的作用，他在 1936 给南美青年建筑师的一封信中写道："怎样才能丰富我们的创造力？不是善于回顾过去，而是应该在处理建筑设计的进程中，从无穷的大自然之中得到新的发现……我希望建筑师们时常拿起画笔画画这个星球上的自然界，比如通过描绘一棵大树的外形来表现抽象意念，或者画画云彩的层理，波动的湖水……"[1]（图 2）。

图 1　勒·柯布西耶画的钢笔速写

图 2　西扎的速写

1.2.3　提高设计师的设计能力

设计师通过建筑速写，可以学会如何更好地感受场地，了解建筑与周围环境的关系，抓住景观的视觉结构，感知建筑的比例尺度，材料色彩，建筑结构，造型规律等，而这些素质都与设计师设计能力的提升息息相关（图3）。

图 3　柯布西耶的建筑速写

2　建筑速写的工具与材料

"工欲善其事，必先利其器"，对于初学建筑速写的人而言，首先面对的问题就是选择什么样的笔和纸。其实建筑速写对绘画工具没有太多限制，对于笔而言一般来说能在材料表面留下痕迹的工具都可以用来画速写，比如我们常用的铅笔、钢笔、签字笔、马克笔、圆珠笔、碳铅笔、木炭条、毛笔等，而对于纸而言，便于购买的速写本、笔记本等都能满足需要。当然，通过长期的写生实践，设计师应该逐渐形成自己独特的绘画用材习惯，总结归纳工具的性能，并最终形成自己的风格。下面推荐部分笔者常用工具：

2.1　建筑速写用笔

2.1.1　钢笔

通常分为金尖的金笔、铱金尖的铱金笔和既不含金也没有镶粒的 普通钢笔等三种。金笔用黄金与银或钢合金而成，金笔尖具有较好的弹性和耐腐蚀性能，用金笔速写，手感舒适、笔锋表现力强，但价格较贵。铱金笔笔尖端焊有铱粒的笔，次于金笔。普通钢笔笔尖不含金又没有铱粒的笔。这种笔易磨损、弹性差。挑选钢笔一是看，看笔尖是否正和长。二是试，用笔尖在纸上写字或画圈。看书写是否流利、手感是否舒适、出水是否均匀、书写出的线条是否匀称。通过笔者多年的试用，考虑到出水量和线条的流畅性和稳定性，建议选用包尖的钢笔。国产英雄牌、美国派克牌（PARKER）、德国万宝龙（Montblanc）和凌美牌（LAMY）等钢笔质量都不错。

2.1.2　美工笔

美工笔是特制的弯头钢笔，可粗可细，笔触线条变化丰富，容易画出感情丰富的画面，也可以线面结合，使画面灵活多变。美工笔的用笔比较讲究，需要经过较长时间训练才能掌握。

2.1.3　中性笔

书写介质的黏度介于水性和油性之间的圆珠笔称为中性笔，它兼有钢笔和油性圆珠笔的特点，书写润滑流畅、线条均匀。一般分为 0.3mm，0.38mm，0.5mm，0.7mm，0.8mm 等不同粗细。优点是容易购买和携带方便，使用成品笔芯可不用另外再带墨水，同时即使在室外连续使用笔芯一般也不会堵塞。缺点是笔锋单一，缺乏变化。

2.1.4　铅笔

铅笔有软硬之分，初学者可以先用铅笔起稿，再用钢笔完成画面，当具备一定造型能力之后就应尽早摆脱对铅笔的依赖，直接用钢笔或中性笔进行练习，这样才能快速提高自己的观察和表达能力。

除了以上四种常用的建筑速写用笔，也有许多画家习惯用马克笔、油画棒、炭笔、软性钢笔、针管笔等工具作画，这些不同的工具使建筑速写的表现语言更加丰富多彩。现实中究竟选用何种速写用笔，并无定法，原则上只要能够适合于表达画家的构思和作画对象的特点就可以。

2.2　建筑速写用墨水

建筑速写所用的墨水要求墨色纯正，不渗色、不跑色、无杂质。国产英雄、鸵鸟和进口派克（PARKER）、万宝龙（Montblanc）、凌美（LAMY）标准墨水都是不错的选择。

2.3　建筑速写用纸

考虑方便携带，建筑速写用纸一般选用素描纸或绘图纸制成的速写本，前者吸水性强，纸面有肌理，画出的线条有变化，后者纸面光滑，吸水性适中，画出的线条流畅。根据画面大小的需要可以选择 16 开或 8 开大小的速写本。除速写本外，还有色卡纸、宣纸、硫酸纸、等，为追求特殊的画面效果可以择情选用。

3　建筑速写的方法

3.1　建筑速写的基础训练

3.1.1　从素描开始

素描是一种正式的艺术创作，以单色线条来表现直观世界中的事物，亦可以表达思想、概念、态度、感情、幻想、象征甚至抽象形式。它不像绘画那样重视总体和彩色，而是着重结构和形式（大不列颠百科全书）。正是由于素描对结构和形式的关注，使素描成为造型艺术的基础学科和对初学绘画者进行造型训练最有力的手段。著名美术教育家徐悲鸿先生就强调素描是一切造型艺术的基础，是绘画、设计等专业的基础训练科目，通过严格的素描训练，可以培养学生正确的观察方法，使学生掌握写生的能力和造型的基本规律。

速写源于素描，是素描的一种快速、概括的表现形式，它与素描类似也是依靠线条的疏密变化组成不同的明暗层次来表达建筑的空间感、体积感、光影感，强调画面的主次关系，因此通过素描训练既可以加强对建筑形体的理解、认识和把握，也可以解决建筑速写中面临的构图、虚实、明暗、空间等关键问题。

正如新古典主义绘画大师安格尔曾经告诫年轻的德加："要画素描，多画素描，不论写生还是根据记忆默写，这样你就会成为出色的画家"一样，只要初学画者坚持将长期的素描与短、平、快的速写结合起来进行训练，就一定能有效提高自身的造型能力，而具有了较好的造型能力就打下了画好建筑速写的必要基础（图 4）。

3.1.2　线条训练

线条是建筑速写的灵魂，也是建筑速写最为主要的表现手法，它具有高度的概括力、强烈的感染力和细节刻画能力。建筑速写正是通过线条的疏与密、长与短、粗与细、曲与直、快与慢、实与虚、硬与软等组合和变化，来表现不同类型和不同特征建筑的形体轮廓、光影变化、细部构造、材料质感以及建筑与周边环境的前后层次和空间关系。

同时，我们必须认识到，描绘物体轮廓和光影关系的线条在自然界中实际并不存在，它们都是人们根据对物象的概括与归纳而主观创造出来的。创作主体正是通过这种对物象的概括与归纳，形成了抽象的、有生命的、有内涵的线条，来充分体现创作主体的意图和客观物象的形体、结构和空间，所以在建筑速写中线条被赋予了传达主体创作意志和表达客观景物与现场感受的双重职能。

建筑是凝固的音乐和石头的史书，从诞生到消亡，往往经历相当长时间的设计、建造和改造过程，通常会形成复杂的形体特征，同时建筑又有各种类型，导致其形态也多种多样丰富多彩，因此在建筑速写过程中，就要学会运用各种线条来表现不同对象的不同形态特征，通过各种形式的线条组合来再现对象的形体结构。平时训练时要学会并熟练掌握线条的疏密，轻重，曲直，快慢，把握好线条的节奏，才能在写生时运用灵活多样的线条，准确表达建筑的不同形态特征，创造丰富的变化和美感。常用的线条有以下几种：

直线，通常用于表达建筑的轮廓线和主要结构线，绘图时要做到胸有成竹，控制好气息，下笔准确肯定，干净利落，不拖泥带水，在运笔过程中要有起笔、运笔、收笔，并体现轻重、快慢、粗细的变化。

斜线，通常用于表达建筑的光影和材料肌理等细节，练习中要注意锻炼并掌握各个角度的斜线，在运笔过程中也要注意起笔、运笔、收笔，要把斜线画得准确、有力度，排线要注意疏密，并与光影和材料肌理的趋势相协调。

曲线，通常用于表达建筑的轮廓线和云、水、烟、雾等环境因素，它是建筑速写中比较难以掌握的部分，要做到透视准确、灵活生动、优美流畅，就必须身心放松，心无旁骛，控制好气息，以气运笔，笔随意行（图5）。

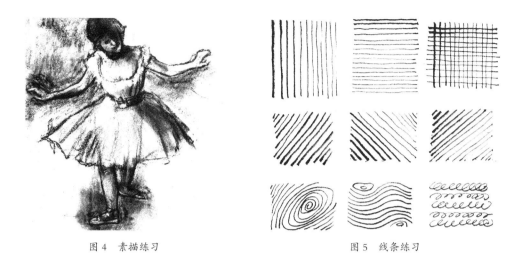

图 4　素描练习　　　　　　　　　　　图 5　线条练习

3.1.3　几何形体训练

从本质上说，任何建筑造型都可以抽象为立方体、圆球体、圆柱体、圆锥体，或棱柱体、棱锥体，或是介乎它们之间或是它们中的变形，或者是它们的组合。这就要求设计师采取正确的观察方法，学会抽象和归纳，平时在观察某一个建筑的时候，应该撇开它的一般特征，有意识地用夸张的概括的手法，把它归纳成一个简单的基本形体或组合，这种潜移默化的训练对于提高形式敏感度和造型能力有很大的帮助。在现实生活中视觉感受的物象形体是多样的，小到一枚纽扣、一个茶杯，大到一台电视，一个冰箱、一辆汽车都是由几何形体组合而成，明白了这个道理我们在建筑速写过程中，头一个环节就是在脑子里竖立一个基本形的观念，利用这个基本形体帮助我们去理解和掌握建筑的全局之后，然后才去考虑其他问题，这样表达复杂建筑就会感觉到得心应手（图6）。

3.1.4　复杂形体训练

处处留心皆学问，生活中我们接触到的各种物品都可以成为我们进行复杂形体练习的对象。平时设计师就要习惯运用抽象和分析的思维观察身边的各种复杂形体，自觉地将它们解析为各种简单形体的组合，并进而总结出它们组合的规律，当这种化繁为简又由简到繁的思维成为设计师的思维习惯时，曾经感觉复杂而难以把握的形体就会逐渐清晰起来，他面对任何复杂的环境都不会再感觉到茫然和无从下手（图7）。

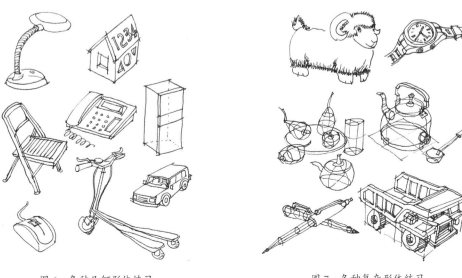

图 6　各种几何形体练习　　　　　　　　图 7　各种复杂形体练习

3.2 透视原理

透视，是绘画和其他造型艺术的专用术语。画家在作画的时候，把客观物象在平面上正确地表现出来，使它们具有立体感和远近空间感，这种方法叫透视法。因为透视现象是近大远小的，所以也称为"远近法"。透视是所有绘画的基础，如果透视把握不好，高水平的绘画技巧就无从谈起。对于强调准确性表达为目标的建筑速写而言，透视更是其最重要的基础，因此我们在探讨建筑速写技法之前，需要对透视进行充分的了解，达到能够熟练运用的程度，这样才能准确真实地反映特定的建筑及环境空间。

要掌握透视必须首先了解透视原理,由于视点的不同透视原理和方法也有所不同,概括地说可分为以下几种：

3.2.1 一点透视

一点透视也称为平行透视。当画面中的主要物体的一个面的水平线平行于视平线，其他与画面垂直的线都消失在一个消失点所形成的透视称为一点透视。一点透视比较适合表现纵深感较大的场面，表现场景深远，画面呈现庄重、稳定、严肃的感觉。缺点是构图对称、呆板（图8）。

3.2.2 两点透视

两点透视也称为成角透视。当画面中主要物体的垂线仍然垂直，互成直角的两组水平线倾斜并消失于两个消失点时称为两点透视。运用两点透视进行建筑速写，容易组织构图，画面效果比较生动、活泼、自由，能够直观反映空间效果，接近人的实际感受。但是构图与透视角度的选择要谨慎，掌握不好容易产生变形。

两点透视的两个消失点必须在视平线上。在画建筑单体时，有时为了画面需要夸张透视，形成特殊的透视关系，增强画面的形式感。把两个消失点设置得离画面远一点，是避免透视变形的有效方法（图9）。

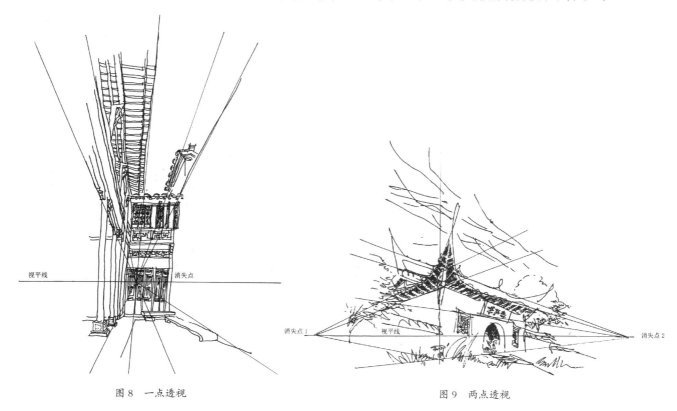

图 8　一点透视　　　　　　　　　　　　　　图 9　两点透视

3.2.3 三点透视

三点透视又称为斜角透视，是在画面中有三个消失点的透视。此种透视的形成，是因为景物没有任何一条边缘或块面与画面平行，相对于画面，景物是倾斜的。当物体与视线形成角度时，因立体的特性，会呈现往长、宽、高，三重空间延伸的块面，并消失于三个不同空间的消失点上。

三点透视的构成，是在两点透视的基础上多加一个消失点。此第三个消失点可作为高度空间的透视表达，而消失点正在水平线之上或下。如第三消失点在水平线之上，正好象征物体往高空伸展，观者仰视物体。如第三消失点在水平线之下，则可采用作为表达物体往地心延伸，观者俯视物体（图10）。

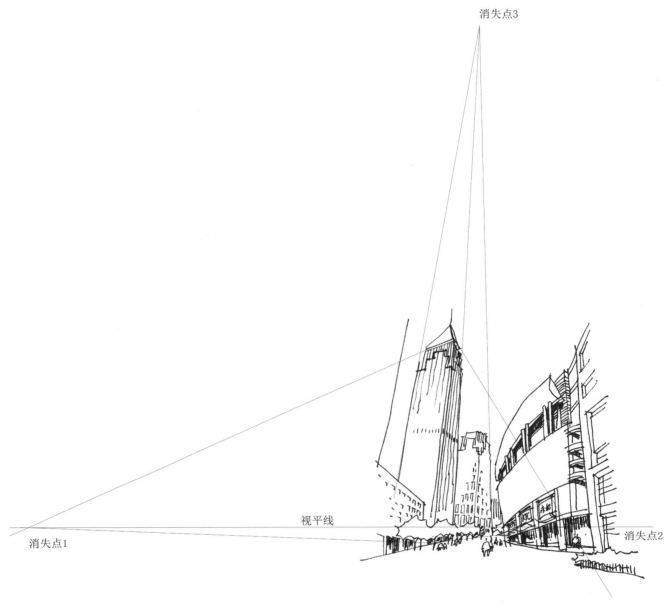

消失点3

视平线

消失点1

消失点2

图 10　三点透视

3.2.4　散点透视

散点透视是中国画特有的透视法，与采用"焦点透视"（它就像照相一样，观察者固定在一个立足点上，把能摄入镜头的物象如实地照下来，因为受空间的限制，视域以外的东西就不能摄入了）的西洋画不同，画家观察点不是固定在一个地方，也不受特定视域的限制，而是根据需要，移动着立足点进行观察，凡各个不同立足点上所看到的东西，都可组织进自己的画面上来。因此，"散点透视"也叫"移动视点"。中国山水画能够表现"咫尺千里"的辽阔境界，正是运用这种独特的透视法的结果。故而，只有采用中国绘画的"散点透视"原理，艺术家才可以创作出如清明上河图般长达数十米甚至百米以上的长卷，而如采用西画中"焦点透视法"就无法达到如此境界（图 11）。

以上是我们在建筑速写中经常会运用的 4 种透视原理和方法，但是在实际写生过程中初学者往往会因为环境的复杂性而遇到运用一种透视原理无法解决的问题，此时就要学会化繁为简，灵活运用多种透视规律，来理解和表达复杂的环境。例如在许多传统村落中，缺乏自上而下的整体规划，大多数村落的道路和建筑布局都是随河流和地形的变化而变化的，而建筑又大多是经过村民上百年自下而上的不断改建和加建而逐渐形成的，这些因素的共同作用导致民居建筑很难形成单一的透视，许多场景既不是一点透视也不是两点透视，而是多点透视，这就要求我们在写生时首先要认真分析，善于去粗存精，抓住建筑的主要结构，保证画面中的主要透视线准确和建筑物大的比例关系无误，再综合运用各种透视原理对建筑次要结构和装饰细节进行分析和抽象，灵活处理多点透视，最终达到满意的画面效果。

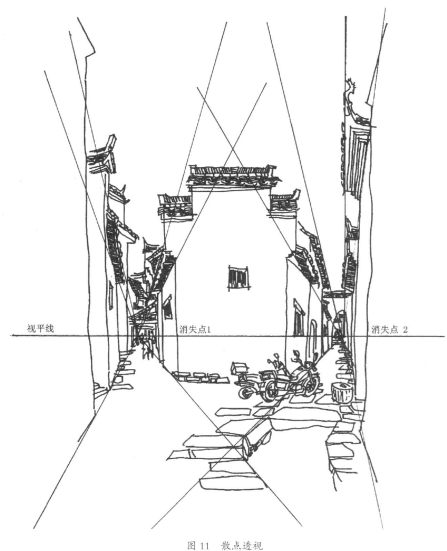

图 11　散点透视

3.3　建筑速写的构图

3.3.1　观察选景，意在笔先

卫恒《笔阵图》说："意后笔前者败，意前笔后者胜。"王羲之《笔势论》说："凡御沉静，令意在笔前，字居心，未作之始，结思成矣。"卫夫人和王羲之都是强调书法创作要成功必须意在笔先，就如同绘画中的胸有成竹、文字创作中的打腹稿一样，在书法创作之前，要对自己创作的作品有一个总体的构思，包括选择什么书体、如何用笔、章法如何安排以及选择什么书写内容等等，然后落笔。而书画同源，建筑速写也要讲究意在笔先。面对要表现的场景不要急于落笔，首先要学会观察，观察要讲究方法，要试着从不同角度和同一角度的不同距离对其进行观察、比较，分析建筑主体与周边配景的关系，体会建筑形体的组合关系，辨别建筑结构和装饰的细节，从而找到要表达的主题和希望创造的意境，再确定用什么构图来表现，对场景中的哪些元素进行取舍以及如何运用不同线条去表现。

立意如此重要，可以说一幅建筑速写作品是否成功，首先取决于立意过程中能否选择到那些能有效地激发出创作者的灵感，提升其创作愿望，并使观者视觉上感到舒适、愉快的场景和景物。其次对所选择的场景和景物在画面中的关系进行安排，以形成主次关系，通常让要突出表达的建筑主体或建筑某一局部在画面中占据重要的位置，或者占有画面大部分空间。最后处理好画面中主体与环境配置的层次关系，通常把建筑主体放在画面的中景，而环境及配景安排在近景或者远景，以拉开画面远近关系、虚实关系和空间关系，但"法无定法"，这些立意原则并非一成不变的，在写生时要根据具体的对象灵活掌握，不同的选景要有不同的处理手法（图 12）。

图 12　主次立意

3.3.2　推敲构图，经营画面

构图是指画面的结构、层次关系，画面元素的组成规律等。当我们选好场景和景物准备作画时，要意在笔先，不要急着把这些具体景物放入画面，而应该首先对其进行抽象，抛开其表象特征，把场景和景物看做点、线、面的结合体，研究如何通过对其进行疏密、明暗、高低、前后的组合，使画面取舍更合理、构图更均衡，效果更突出，在符合视觉规律的基础上提高构图的审美性。

对于构图推敲而言，首先要确定的是视高，即视点的高低。视高的选择应该与要表达主体的特征和表现的目的相联系。视高大致可分为仰视、平视、俯视三种。

仰视，即作者的视点，接近地面或低于地面观察对象。在写生中，坐在地面作画，必属仰视，通常地平线不能定在画幅二分之一以上的位置，应是接近画幅底线。也有一些仰视的画幅视点，可以在画幅底线以下。这种仰视的构图，表现的景物能产生巍然屹立、气势非凡的效果（图 13）。

平视，即作者正常站立时或坐在较高凳子上时观察对象的视点高度。一般平视的视平线宜选择在画幅中间偏下或偏上一点为好，因为这种视高的构图，近似现实生活的环境，使观众有身临其境的感觉，但如果视平线过于居中，容易使构图平淡，缺乏生动性（图 14）。

图 13　仰视构图

图 14　平视构图

俯视，即作者的视点在人们头部以上，如从高处俯视地面景物。或到高山坡上去写生地面景色，视平线必在画幅上部或幅外，景物与景物前后遮挡程度减少，适于表现宽阔的场景和深远空间（图15）。

在构图中，其次要确定的是画面主体的位置，一般而言建筑主体不宜放在画面中心位置，因为居中往往会导致画面呆板，缺乏生动性。但也不能太偏，太偏则容易导致画面主题和焦点的模糊，对于大多数场景而言，一个比较成功的构图经验是将建筑主体放在画面的"黄金分割点"位置（黄金分割点是指把一条线段分割为两部分，使其中一部分与全长之比等于另一部分与这部分之比，其比值近似值是0.618。由于按此比例设计的造型十分美丽，因此称为黄金分割点。因为画面一般是四边形，存在横竖4条线段，所以理论上画面上存在4个黄金分割点，一个简易地确定黄金分割点的方法就是把画面的横竖各分为3份，连线的4个交点称为"黄金分割点"），由于"黄金分割点"能够引起人们的美感，因此最容易成为画面的趣味中心（图16）。

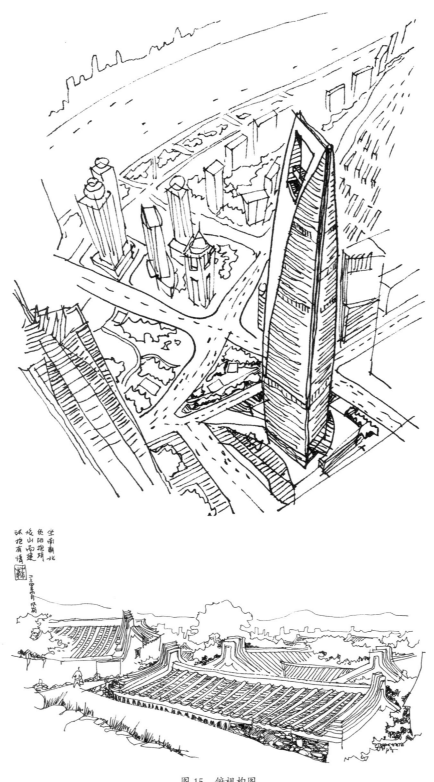

图15 俯视构图

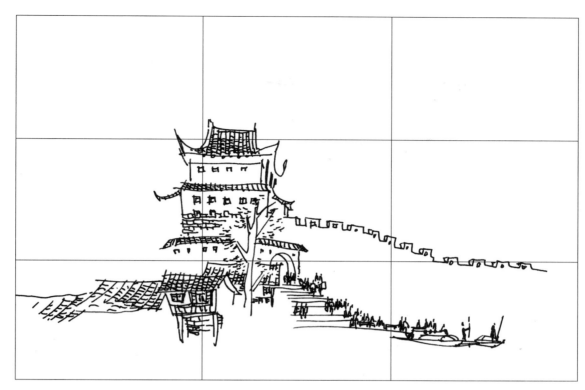

图 16　黄金分割点

　　在构图中，最后要确认的是构图的形式。根据建筑场景特点和写生经验，速写构图一般可总结为以下几种类型：

　　正三角形构图：又称"金字塔形构图"，指整幅画面的结构安排基本呈三角形，这种构图形式有一种坚实的稳定感，适合表现建筑物，树木，山峰等高大稳重的物体，一般采用成角透视容易突出主体（图17）。

图 17　正三角形构郎图

　　S形构图：这种构图有一种流动的韵律感，适合表现蜿蜒的小河，起伏的山脉，园林中弯曲的道路等（图18）。

　　平行线构图：常有一种平稳、宁静、深远的意境，几条长短不同的平行线，逐渐归到远处的地平线上，给人以开阔平稳的感觉，适合表现平原、草原、水面等场景（图19）。

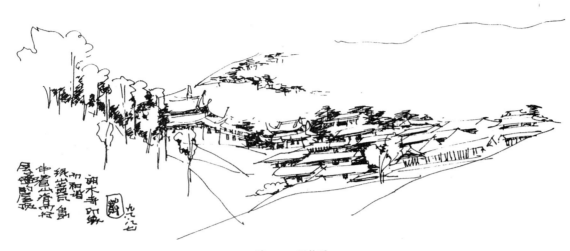

图18　S形构图

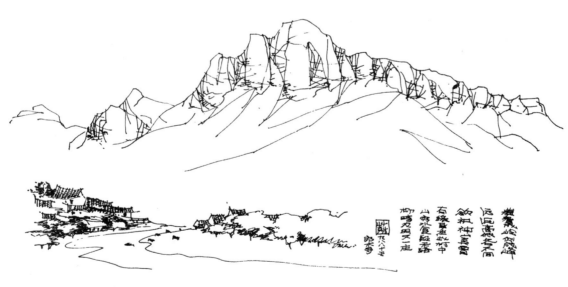

图19　平行线构图

　　垂直构图：这种构图给人以高耸，上升的感觉。适合表现向上和向下的物体，比如并排的大树，高耸的建筑物，狭窄的街巷等场景（图20）。

　　对角线构图：这种构图给人一种动态的、不稳定的感觉，常表现山与水的交错，大面积斜坡上的建筑物等场景（图21）。

　　均衡式构图：均衡不是对称，是要画面上下、左右物象的形状、面积、大小等达到视觉上的平衡，疏密关系上的合理分布，是一种综合性构图原则（图22）。

图 20　垂直构图

图 21　对角线构图

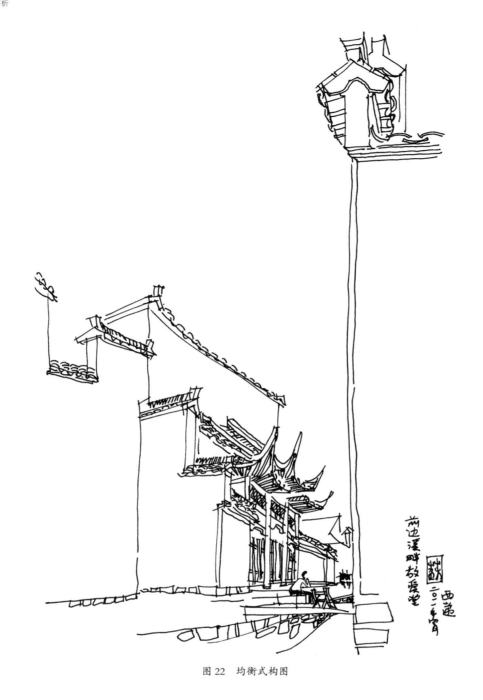

图 22　均衡式构图

　　必须指出的是，上述列举的多种构图形式只是为了便于解读绘画作品而总结出来的构图规律，它们既不是绘画的起点，也不应成为速写创作的终点。C.亚历山大在《建筑的永恒之道》中指出"我们必须首先学会一种告诉我们环境与我们自己的真正关系的方法，而一旦这种方法运用起来，打破我们依靠至今的错误的观念，我们将准备放弃这种方法，自然地进行创造。这就是建筑的永恒之道，学会方法，而后抛弃它。"[2] 同样，对于建筑速写而言，速写的认识首先是从构图形式开始的，构图形式让不同类型的绘画和速写有了共同的基础，而一旦这些构图形式建立起来后，我们又必须忘掉这些形式，因为它是速写进一步发展的禁锢。所以，对于构图而言，"学会构图形式，而后抛弃它，这就是建筑速写的永恒之道"。

3.3.3　画面表现，因物制宜

　　建筑速写的画面表现是运用线条将客观物象转化为具有美感的艺术形象的方法，用线表达建筑形态是建筑速写最为主要的表现形式。线条的轻重、强弱、疏密、曲直、缓急、用线的长短以及在画面中的不同组合与排列可以表现不同类型和不同特征建筑的形体轮廓、光影变化、细部构造、材料质感以及建筑与周边环境的前后层次和空间关系，形成不同的画面效果。根据建筑的特点和场景的实际需要，建筑速写画面表现有多种表现形式，常用的有线描表现法、明暗表现法、综合表现法等。

　　线描表现法是建筑速写中最常用的方法。这种以线为主的表达方法可以造就单纯的、清晰、抽象的表现风格。以线造型可简可繁，即可以用十分简练概括的线条迅速地描绘建筑，又可以用线十分精细地刻画细部，还可以用线疏密有致地塑造出对象的形体与光影关系，还可以用线的粗细、强弱等变化来明确的表达建筑的形体关系或用细线与粗线对比加强空间变化来明确的表达建筑的形体关系。如强化轮廓线来突显建筑的形体，用细线来丰富和表达建筑的内部结构与形体，也可以利用细线与粗线对比来加强空间变化（图23）。

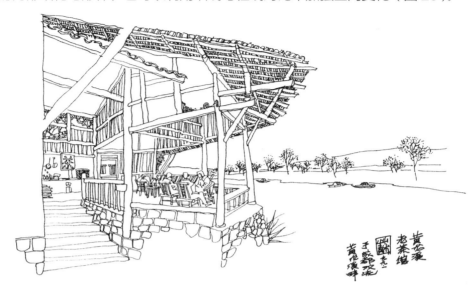

图 23　线描表现法

　　在建筑速写的表现中，明暗表现法也是一种重要的表现方法。明暗表现法大致可分为三种：一种是光影的明暗表现法，它主要强调建筑物受光后的明暗变化，注重建筑各面的明暗对比，注重对明暗交界线，亮部与暗部及光的来源与方向的表达，这种方法可以说是明暗素描在建筑速写中的应用。用这种表现手法所获得的作品相对比较写实，形体特征明确，节奏、层次丰富。第二种是渐变式的明暗表现法，这类方法多在建筑物的边缘和形体的转折处，由深至浅的用线排出明暗，形成一个饱满的平面轮廓形，这类方法会使画面具有良好的装饰趣味。另一种表现方法是画者根据自己的现场感受用大小不同、形状各异的线自由表达建筑物，这种随机性的表现法使画面更加生动和更富表现力（图24）。

图 24　明暗表现法

3.3.4 调整画面，以少胜多

首先，建筑速写的"速"在于"速"度，因为速写多是在室外进行，受天气、光线、温度等外部环境影响较大，所以创作的时间通常较短，其次，建筑速写的"速"在于通过简繁得当的处理，抓住对象的基本特征来实现。这就要求画者在写生时要迅速观察、准确判断、定下方向、抓住主题、快速完成。当画面主体基本完成后，往往还要根据最初的构思对画面进行加减的调整，这个阶段既可以在现场完成，也可以在时间不允许的情况下回到室内再二次完成（图 25）。

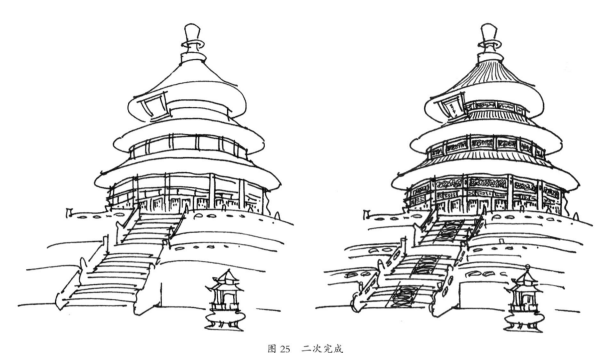

图 25 二次完成

需要强调的是画面调整的目的是希望通过对建筑主体与配景的相互关系，以及建筑整体和细节的相互关系进行调整，从而使构图更加均衡和完善以突出画面的主题，强化要表达的意境，因此调整画面总的原则是要明确目标，或加或减，不求面面俱到，但求以少胜多。具体到下笔时，要意在笔先，不要盲目，要干净利落，适可而止，初学者常犯的毛病就是往往在没考虑清楚目的的基础上就开始调整，结果常常是这加一笔，那加一笔，越画越多，直到画面不可收拾，失去最初的立意。

3.4 建筑速写的步骤

万事开头难，建筑速写也是如此，对于大多数初学者而言，最难的一点就是如何开始。由于初学者造型能力有限，表现技法缺乏，组织画面的能力不强，往往很难准确地抽象和表达复杂的建筑和场景。因此掌握正确的建筑速写步骤就十分必要。针对学习者绘画基础的不同一般建筑速写步骤可分为两种。一种是针对绘画基础较弱的学习者，可以是先从铅笔打底稿开始，即先用铅笔勾画出建筑的大概轮廓，然后再用钢笔进行深入刻画，这种画法由易到难，容易把握画面的整体构图和透视，避免由于开始几笔画错又不能涂改，而影响到绘画者的心理，以致失去继续画下去的信心，导致半途而废；另一种是针对绘画基础较好的学习者，可以直接用钢笔进行绘画，虽然开始可能犯错，但这样能最快减少学习者对铅笔和橡皮产生的依赖感，养成敢下笔、下笔准、不涂改的好习惯。同时也只有这样画出的作品才能达到自然、生动、肯定、流畅的画面效果，才可能产生无法预知的神来之笔。

建筑速写的步骤可简单归纳为"一观、二思、三动手"。"一观"指的是观察取景，首先对想要表达的建筑和场景进行细致观察，选取最佳视高、视角和视距；"二思"是指对选择的建筑和场景进行分析，确定要表达的主题，安排主体和配景在画面中的位置以及各自所占的比例关系、层次关系等；"三动手"是指在以上准备工作完成后才开始动手作画，为了推敲最佳的构图形式，以及建筑形体大概的透视、比例、位置以及和周围环境的组合关系，初学者可以先用笔勾几张小草图，或用手在画本上虚勾草图，然后再开始进行正式作画。作画过程有从整体到局部，和从局部到整体两种方法。前者先从整体轮廓入手，确定好建筑的主要透视线后，再逐步深入细部，一直到画面完成。后者先从建筑的某一局部开始绘画，逐步扩展到整体。两者不分优劣，作画者可根据自身习惯和爱好选择，但对于大多数初学者而言，从整体到局部的方法要更好掌握一些，但必须指出的是无论采用何种方法，都要始终把握画面的整体效果，不要急于深入局部，避免因小失大，破坏了画面的完整性。下面主要以从整体到局部的方法为例，介绍建筑速写的步骤。

3.4.1　选定适宜视点

　　画面所要表达的建筑和场景选定后首先要做的工作就是确定适宜视点。视点包括视高、视角、视距等内容。对于同一个建筑而言，选择不同的视点（视高、视角、视距）会产生截然不同的画面效果。对于不同类型和特征的建筑，要根据其特点选择与其特点相适应的视点（视高、视角、视距），才能产生理想的画面效果。

　　例如，当速写对象是低层和多层建筑，如传统民居、商业店铺等时宜选用前侧面正常人视点作成角透视，可取得较好的画面效果（图26）；当速写对象是高层建筑时，宜采用低视点仰视，有助于表现出建筑的高耸和宏伟感（图27）。当速写对象是传统建筑，如寺庙、祠堂、教堂等时，采用正面视图，略作仰视，能够体现出庄重、严谨、轮廓优美的画面效果（图28）。

图 26　正常人视点

图 27　仰视视点

图 28 低视点

3.4.2 确定整体轮廓

视点选定之后，接下来的工作就是确定建筑的整体轮廓。轮廓是画面的基础。从构图到具体的形象需反复观察不断推敲，尤其是那些大而复杂的建筑场景，画面要处理的透视关系相应也非常复杂，所以打轮廓不能操之过急。观察要保持一定的距离，退远看，转看看，把形体的起伏变化与周边环境的关系看清楚。

为避免因开始打不准轮廓而失去信心，初学者可先用铅笔打轮廓，待熟练后再用钢笔直接打轮廓。具体画法可先用铅笔或断续的钢笔打点的方式确定建筑大的辅助透视线，再依据这些辅助透视线画出建筑物的大体轮廓，这时如果没有大的透视错误就可以逐步深入到建筑物细部造型的刻画。

3.4.3 深入刻画细部

建筑物整体轮廓确定后，就可以开始深入刻画建筑细部，方法是在整体轮廓的基础上用钢笔逐步对建筑的屋顶、墙面、梁柱、窗户、装饰等进行仔细刻画，线条要肯定有力，精细准确。需要强调的是在深入刻画细部过程中也要时刻注意画面的整体性，要分清主次，重点部分层次要多，细节要多；次要部分要作减法，层次要少，细节要少，可以用眯眼的方法来省略部分细节的变化，避免在某一处画得过深，或处处画的都一样深度。刻画过程可采取由上到下、由中间到前后、由主体到配景的原则。由上到下的原则，是因为建筑的上部往往是透视关系最明显的部位，把变形最大的部分控制好了，剩下的部分处理起来就不会太困难。由中间到前后、由主体到配景这两条原则其实可看做同一条原则，因为一般人观察事物总是习惯于由主体到配景，而主体一般都位于画面的中景，因此从主体到配景其实就是先处理中景（主体），再处理前景（配景），最后处理远景（配景），前后繁简对比，达到空间的有序表达。整体和细部的关系，犹如红花与绿叶的关系，处理好两者的关系是决定画面效果的关键，只注意整体，缺乏细部，画面就会单调、乏味，而过于陷于细部，失去了整体，画面则会焦点模糊，失去主题，不知所云（图 29）。

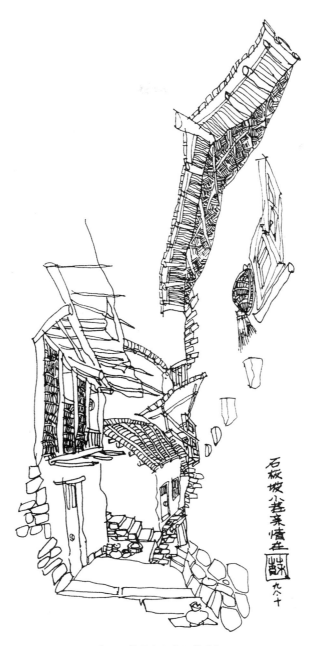

石板坡小巷亲情在
一九八十

图 29　整体与细部保持平衡

3.4.4　均衡调整画面

对于初学者而言，一挥而就完成一幅不需调整的建筑速写作品的概率较小，大多数情况下调整是必然的。因为在深入刻画的过程中难免有一些过头或没有画到的部分，难免有某些地方影响到了画面的整体效果，也难免在深入的过程中将最初构想与立意淡化或没有认真实践。调整画面一般是在画面将近结束时进行，可以采用退远距离审视画面或采用眯眼的方法进行审视，从把握整体和全面关系的基础上审视画面，观察构图是否均衡、疏密关系是否合理、配景和主体的关系是否恰当、主题是否突出等，并进行及时的修改或补充。需要强调的是，落款和签名也是非常重要的构图手段，它是画面必不可少的组成部分，也是最后调整画面构图关系的关键手段，一定要经过慎重考虑后再确定，不能随意。借鉴中国画落款的分类，建筑速写的落款和签名也可分为穷款和长款。前者指画面完成后只题人名和时间，地点；后者是指画者除题人名和时间，地点外，还另配以诗意的感怀文字。无论穷款和长款都不能影响画面美感，字体不宜太大，书写风格要和画面统一，相得益彰；位置要安排在构图需要的地方，或上或下，或左或右，没有定法；具体长短根据画面需要和实际情况，可长可短、可多可少；一般题款顺序是：画的题目、感怀文字、作者、作画时间、绘画地点（图 30 ）。

需要指出的是，调整是最后一个环节，尤需谨慎，无论是加强还是减弱都要从整体出发，考虑成熟后下手要稳、准、狠一步到位。

图 30　用落款调整画面

3.5　建筑速写的配景

3.5.1　建筑配景的分类及意义

在建筑速写中，除重点表现的建筑物是画面的主体之外，还有大量的配景要素。建筑物是画的主体，但它不是孤立的存在，须安置在协调的配景之中，才能使一幅建筑速写充满生气。所谓配景要素就是指突出衬托建筑物效果的环境部分。协调的配景是根据建筑物所在的具体地理环境和特定的环境而定。例如对于城市建筑而言，常见的配景要素有：树木丛林，人物车辆，道路地面，花圃草坪，天空水面、招牌广告，路灯雕塑等，而对于乡村的民居建筑而言，更多的是与当地风土人情紧密相关的生活用具、自然景物、动物植物等，这些配景的存在可以有助于创造一个真实的环境，增强画面的气氛和效果。另外配景还可以显示建筑物的尺寸，要想判断建筑物的体量和大小，需要有一个比较的标准，人就是这个最好的标准，因为人的身高在 1.6-1.8 米之间，有了人的身高的参照，也就显示了建筑物的体量和大小。配景还可以调整建筑物的平衡，可以起到引导视线的作用，能把观察者的视线引向画面的重点部位。配景又有利于表现建筑物的性格和时代特点。利用配景又可以表现出建筑物的环境气氛，从而加强建筑物的真实感。利用配景还可以有助于表现出空间效果，利用配景本身的透视变化及配景的虚实、冷暖可以加强画面的层次和纵深感。当然，配景并非越多越好，过多会影响主题的表现，造成喧宾夺主的局面，还是要从保证画面整体性出发，决定配景的种类、位置和数量。

3.5.2　树的画法

树是建筑速写配景中最重要的元素，树分为乔木、灌木两大类，包括针叶、阔叶等不同的自然形态。树是大自然赐予人类生存环境最美好的造物，种类繁多、姿态万千，或挺拔苍劲、生机盎然，或枯枝败叶、死气沉沉。不同树种的运用可以表现出建筑物的特定环境；不同风格的树可与不同建筑相协调而使画面更加完美。

树的种类千千万万，形体千姿百态，往往令初学者不知从何处入手，但从前文提及的基本形角度，我们可以将树抽象成以下几个主要部分：

枝干结构：树的整体形状基本决定于树的枝干，理解了枝干结构即能大致正确地画出树形。根据枝干关系的不同，树的枝干大致可归纳为下面几类：辐射状枝干，即枝干于主干顶部呈放射状出杈，如榕树，龙爪槐等；垂直状枝干，即枝干沿着主干垂直方向相对或交错出杈，出杈的方向有向上、平伸、下挂和倒垂几种，此种树的主干一般较为高大，如杨树、松树等；渐变状枝干，即枝干与主干由下往上逐渐分杈，愈向上出杈愈多，细枝愈密，且树叶繁茂，如香樟、国槐等。

树冠造型：每种树都有其自己独特造型，速写时须抓住其主要形体，不为自然的复杂造型弄得无从入手，依树冠的几何形体特征可归纳为球形、扁球形、长球形、半圆球形、圆锥形、圆柱形、伞形、梯形、三角形和其他组合形等。

树的远近：树丛是空间立体配景，应表现其体积和层次，建筑要很好地表现出画面的空间感，一般均分别绘出远、中、近景三种树。

远景树：通常位于建筑物背后，起衬托作用，树的深浅以能衬托建筑物为准。建筑物深则背景宜浅，反之则用深背景。远景树只需要做出轮廓，树丛色调可上深下浅、上实下虚，以表示近地的雾霭所造成的深远空间感（图31）。

图 31 远景树

中景树：往往和建筑物处于同一层面，也可位于建筑物前，画中景树要抓住树形轮廓，概括枝叶，表现出不同树种的特征（图32）。

图 32 中景树

近树景：描绘要细致具体，如树干应画出树皮纹理，树叶亦能表现树种特色。树叶除用自由线条表现明暗外，亦可用点、圈、条带、组线、三角形及各种几何图形，以高度抽象简化的方法去描绘（图33）。

图 33　近景树

树在建筑速写写生中虽然是以配景的角色出现，但一定要重视，因为不管什么形式的树，都是建筑速写中很好的画面补充。写生前进行一些临摹练习是很有必要的，写生时认真观察其形态特征，分析树叶与枝干的组成关系以及层次关系，做到胸有成竹后再下笔。

3.5.3　灌木及草的画法

灌木及草在建筑速写中也很重要。提起灌木及草的画法，对大多数初学者来说都会有"无从下手"的感觉。因为，灌木及草往往没有固定的形可抓，它们之间的关系，很多时候又相互纠缠，似乎没有规律可循。然而，一切事物其实都一定有"规律"可循的，关键是我们如何去找到这种规律。我们可以通过从整体出发，抽象简化的方法去寻找灌木及草的规律。 对于表现灌木及草这样"无形"的对象，一定要从整体上来把握。无论它有多么复杂，其实都只不过是简单几何体的组合。在简单几何体的掌控下，将"繁乱"分成若干的"组"，在表现每一组的同时，时刻要知道我们所表现的，永远是整体中的单体，这样，无论多么繁乱，也能易于把握。例如在描绘兰草，竹子这类植物时，可以先画出几根弧线，控制好整体轮廓，再分组进行细部刻画，逐渐加密。注意各线条之间的关系，既不要平行，也不要垂直交叉，而是斜向交叉。如此才能表现出其自然的生长形态（图34）。

图 34　灌木及草的画法

3.5.3　柴堆及草垛的画法

柴堆和草垛在传统建筑环境中经常遇到，速写初学者遇到这类复杂形体时也往往感到无从下手。其实这些看似无序的形体与灌木及草的画法类似，可以通过分析简化，先抽象出柴堆和草垛主要的基本形体及其组织结构，再明确柴堆和草垛主要的受光面和背光面，通过线条的长短疏密变化就能达到生动得表达效果（图35）。

图 35　柴堆及草垛的画法

3.5.4　车的画法

在现代城市环境中，各种汽车是建筑速写必不可少的配景，而在传统建筑相对保存完好的地区，老百姓一般都还保留着农耕的习惯，各种传统农业生产用车和摩托车也随处可见。无论现代的汽车、摩托车还是传统的农业用车它们的画法一般也采用先整体后细部的画法。即先勾勒出汽车的整体轮廓，再逐步添加玻璃、灯光，轮胎等细节（图36）。

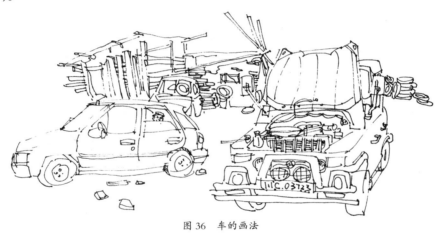

图 36　车的画法

3.5.5　人的画法

建筑速写以表达建筑及其场景为主要目的，其中的人物速写主要起烘托氛围，创造场所感为目的，因此其要求与专门的人物速写有所不同，主要以强调人物的整体轮廓、姿态、位置和组合为特色，不求刻画人物的五官、衣服、装饰等细节。轮廓首先强调控制好人体比例，通常的原则是"立七，坐五，盘三半""头一、肩二、身三头"，当然也可以根据场景需要适当夸张，其次是控制好姿态，或坐或立或行，不求形似，但求神似（图37）。

图 37　人的画法

4　建筑速写的训练

4.1　写生

　　黄宾虹先生在论画的方法时认为："学画者师今人不若师古人，师古人不若师造化。师今人者，食叶之时代；师古人者，化蛹之时代；师造化者，由三眠之起，成蛾飞去之时代也。"对于画家如此，对于设计师而言亦如此，甚至更重要，柯布西耶就非常重视写生，在他的每次旅行中手不离速写本，他访问希腊的岛屿或美洲的大城市，总随身携带他的速写本子，快速地记录下其敏锐的感觉和幻想——城市与建筑风光写生。柯布西耶储存了大量的构思、印象、形式和色彩，从不重复地运用在他不同时期的新作品上面。某种意义上，正是大量的写生速写造就了柯布西耶经这位思如泉涌、技艺高超的建筑大师。因为室外的写生是与建筑和环境一种面对面的直接交流，这种身临其境的交流是临摹他人作品和照片所不可代替的，写生过程可以加深对建筑设计相关的诸如地形、地貌、环境、尺度、材料、构造等许多问题的理解。而这些问题，如果缺乏亲身的体验，就无法获得真实的感受，也就不能将感受带到设计中去。形体的推敲，还可以通过模型来分析；但场地的感知、材料的认识则必须依靠现场的认知。因此，大量的写生是画好建筑速写的必要条件（图38）。

图 38　现场写生

4.2 临摹

　　室外写生是掌握建筑速写的关键,户内的临摹练习也是不可缺少的步骤。因为一方面对于大多数初学者而言,室外写生不是一件能迅速掌握的事,经常会遇到难以控制好选景、构图、比例、准确性等问题,另一方面建筑速写受天气影响很大,南方连绵的雨季,北方漫长的冬日也导致不能经常室外写生,因此,通过室内的临摹练习解决这些问题就非常必要。

　　临摹是临写和摹写的并称:所谓临写,就是在参考原作的构图、笔法以至韵味的基础上,根据自己的理解,复制原作的一种方法。而摹写,一是指用薄纸覆在原作上,然后用笔描摹原作形态的一种方法。临摹教学方法作为传统教学方法,在中西书画领域都是古已有之的方法,并流传至今。其目的是希望通过深入研究大师作品,找到所临摹作品的别样之处,更好地理解、领悟、掌握原作。我们注意观察一些画家的个人风格,几乎都能看到前辈大师的影子,这就是他们在继承前辈的大师的基础之上又有了自己的"独创性",从而形成了自己的个人风格。例如法国画家德加就曾经多次去意大利临摹文艺复兴时期的绘画,而在卢浮宫及其他许多博物馆内,也收藏着诸如鲁本斯、毕加索等大师早期的临摹作品。 对于临摹的意义,德拉克罗瓦说过:"临摹可以使有成就者轻易地获得成功!"齐白石说过:"学我者生,似我者死"。说明临摹的目的是"学"而不是"像",不在于临摹得"真"而在于理解得"透"。换句话说临摹是一种记忆,也是一种比较,更是一种思索。

　　临摹的方法通常有两种,一种是直接临摹建筑速写作品,另一种是临摹图片或照片。前者可以让初学者直接学习构图的技巧和把握细部刻画的程度,后者则是将前者学到的技巧运用到实际场景前的一次室内排演。需要指出的是,两种临摹的方法给了我们很多帮助与启发,它们是室外写生有意义的补充,但绝不能代替室外写生的过程(图39)。

图39　临摹图片

4.3 交叉训练

写生和临摹是画者学习绘画的两种基本方法，也是画家一生都在交替进行的学习过程。两种方法相互补充，相互促进，不可分割。写生中发生的诸如选景、构图、细部刻画等问题可以通过临摹大师作品去找到解决的方法和思路，而临摹所缺乏的诸如对地形、地貌等环境因素，以及对建筑的尺度、材料、构造等因素的感知，也只有通过身临其境地写生去解决。

因此，坚持写生和临摹的交叉训练就是掌握建筑速写的不二法门。

4.4 结语

最后，我想指出的是无论写生和临摹，它们都只是学习建筑速写必要但不充分的方法，要想真正地在建筑速写的道路上实现"心手合一"，达到"得乎心，应乎手"的境界最关键的一点不在方法而就在两个字：坚持。正如郭熙在《山水训》中所说的"所养欲扩充"、"所览欲淳熟"、"所经欲众多""所取欲精粹"的博观厚积，多读多想是"得乎心"的先决条件，而"应乎手"的根本在于每天坚持不懈地实践和练习。只有不间断地画，带着激情地画，带着思考地画，利用一切可能的机会画，通过"外师造化，中得心源"，才可能在建筑速写艺术的领域获得"俯仰自得，游心太玄"的创作自由。

"艺术的根本究竟是什么？这是一个永恒的永远引人入胜的谜！就像是迷人的妖孽总是诱惑着人的聪明才智去接近它，一时误以为离它很近了，不料它又从另一个方向传来神秘遥远的歌声。"[3]

参考文献

［1］柯布西耶 . 荆其敏，张丽安编著 . 北京：中国建筑工业出版社，2012.
［2］建筑的永恒之道 . C. 亚历山大著 . 赵冰 译，北京：知识产权出版社，2006.
［3］画布上的创造 . 戴士和著 . 北京：北京大学出版社，2011.

下篇 建筑速写作品解析

上篇我们从理论角度解析了建筑速写的方法，下篇我们则从实践角度解析每幅建筑速写作品生成的自然和历史背景，分析作者是如何发现创作对象的特点，并用何种创作方法，如选景、构图、线条等表达了作者彼时彼刻的所思所想。下篇包括建筑速写、建筑慢写、建筑设计草图三个章节。

1

建筑速写

一览众山小

　　诗圣草堂何处寻，锦官城外浣花溪。杜甫草堂位于成都城南浣花溪畔，是诗圣杜甫躲避安史之乱而流寓成都时的居所。一览亭是杜甫草堂梅园里一座四层的砖塔，但塔名取自杜甫《望岳》诗中"一览众山小"的句意。塔虽不高，但飞檐翘角层层叠叠，气势不凡，画面抓住砖塔飞檐翘角这一形态特征进行了重点刻画，简化了檐下细节，突出了砖塔整体上的一览之势。

流水如筝鸟语花香 诗圣草堂
浣花溪旁

杜工部草堂

一九五八成都

少陵草堂

　　诗圣杜甫一生写下无数壮美的诗篇，无奈恰逢安史之乱，颠沛流离蜀地多年，虽有报国之志却无报国之门，就像空旷午夜划过天庭的流星，虽然以耗尽生命获得了一次耀眼的闪亮，却没有人去赏识和热爱。这个星空下寂寞的老人，除了给我们留下那些气雄天下的诗歌，就只有三座纪念他的草堂。而成都的杜甫草堂，无疑是三座草堂中的龙头。

　　在杜甫草堂内工部祠的东侧，有一座以茅草作顶的碑亭，内树有一石碑，镌刻"少陵草堂"四个大字，在没有重建杜甫茅屋时，人们将其作为诗圣茅屋的象征，如今它已成为是杜甫草堂和成都的象征性建筑之一。为突出碑亭，我将其安排在画面中心作为主景，茅草顶留白以显其陋，仔细刻画了亭子石碑的细节，点出主题，而亭子周边茂盛的树林则用简单几笔抽象表达，在一细一粗，一实一虚之间，诗圣曾经生活的"密林深处一孤亭"的空间感就浮现出来。

琴键台阶

相对于江南平原上的水乡集镇，被无数台阶环抱的磁器口是一座"立体的镇"。

无数台阶不断重复，又不断变向，犹如钢琴的琴键，弹奏出动听的空间之歌。画面采用左实右虚的处理，中间的台阶成为画面的焦点，将视线和思绪引向无尽远方。

菜园坝印象

    90 年代的重庆，山还是比建筑高大许多，一出菜园坝火车站，扑面而来的就是一片高耸入云建在山上的吊脚楼群，层层**叠叠**，连绵不绝，真有"危楼高百尺，手可摘星辰"的感觉，我最初的山城印象就源于此。画面萃取菜园坝吊脚楼群的典型片段，采用 S 形构图，再现了这一令人叹为观止的人造奇迹。

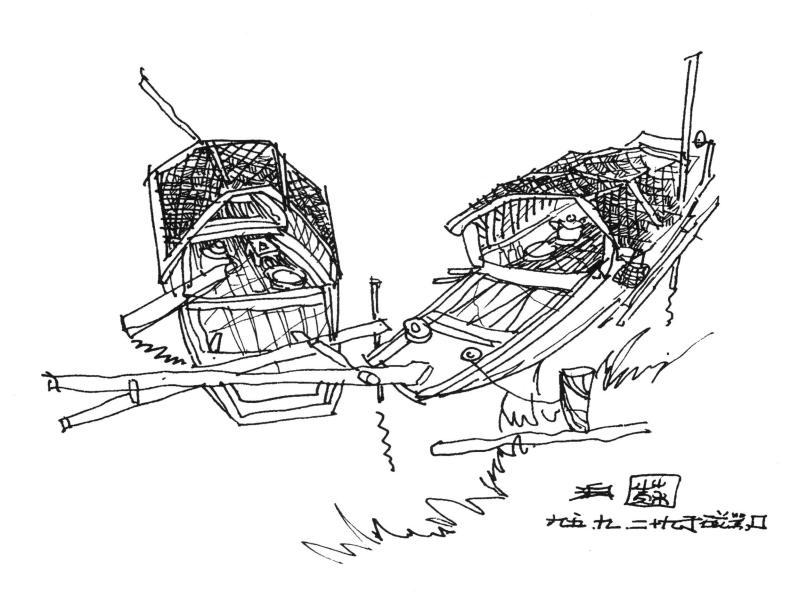

水上人家

　　两艘渔船静静地靠泊在磁器口的岸边，船主人已不知去向，仅留下船中锅碗瓢盆等生活器皿告诉我们船也是渔民移动的家，画面处理追求无声胜有声，除了船无一物，而水却无处不在。

农家小院

这是磁器口镇的一处普通农家小院，宁静祥和，与世无争，画面中水桶、簸箕、笤帚、铲子、晾晒衣物、对联等生活细节成为刻画的重点，而建筑则退后成为背景，烘托了这一宁静的气氛。

大隐隐于寺

　　宝轮寺是一座位于古镇磁器口的千年古镇，它背依白崖山，面对嘉陵江，传说明朝建文皇帝朱允炆被逼退位后曾在此挂单隐居，故此寺庙又称龙隐寺。寺中有一据传建于唐朝的大雄宝殿，历经千年风雨依然巍然屹立。大雄宝殿旁有一个居士生活的小院，院内干净素雅、一尘不染，站在廊下，抬头可见巍峨的大雄宝殿，低头可听直达心灵的晨钟暮鼓，院与寺，闹与静，一墙之隔，却似两个世界。画面以极简的手法，忽略了建筑形式的细节，从而直达小院朴素的本质。

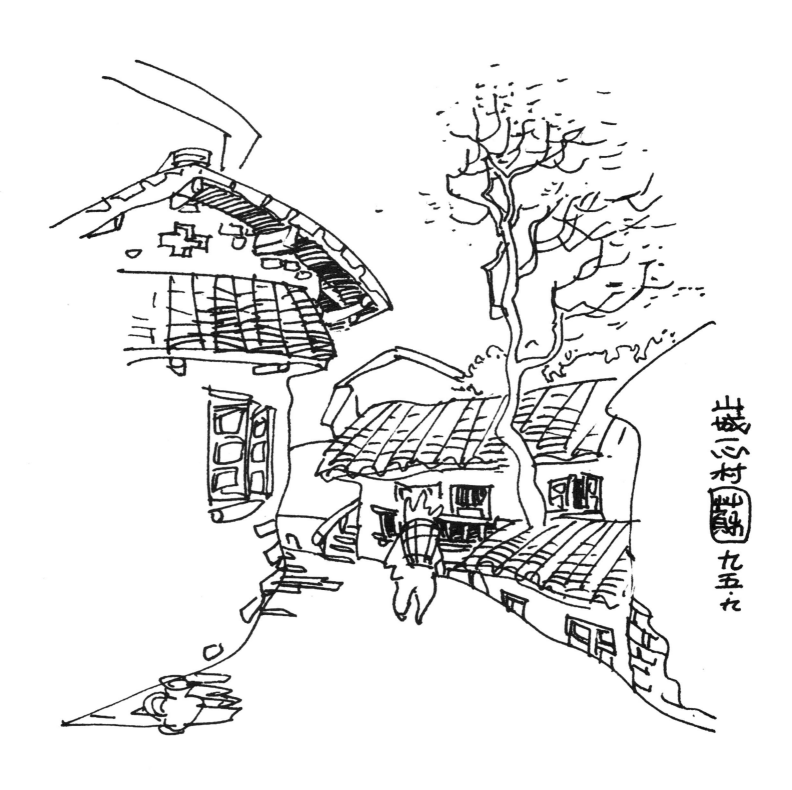

一边围墙一边屋顶

　　一心村是重庆沙坪坝区闹市中的一个城中村，这里地势高低起伏，建筑复杂多变，街道也呈现出一边是围墙一边是屋顶的独特景观。画面采用左右实，中间虚的构图，准确表达了这一街道特征。

握手楼

　　加建是一心村这个城中村内最普遍的一种建筑构成形式，你加着我加着，两座原本不相关的楼就这么不知不觉贴在了一起，成了握手楼。画面截取这一独特的街道景观，大胆虚化其他建筑细节，突出了握手主题。

凝固的音乐

　　德国哲学家黑格尔曾说过："音乐是流动的建筑，建筑是凝固的音乐"，这句名言在磁器口的山地城镇景观中得到了充分展示，如音符般的屋顶随着地形在五线谱般的台阶上起起伏伏，高高低低，合奏出一首动听的山地空间之歌。

不一样的天空

　　一心村的天空是不一样的天空，因为这里的建筑总是随着居民的需求而不断的改建加建，透过这种自组织的建造，建筑的屋檐呈现出相互避让，相互叠加所产生的参差不齐复杂形态，屋檐的复杂造成了街道天空的时高时低，时宽时窄，人行走其间，变化无穷，充满了乐趣，这种令人愉悦的街道围合方式值得现代冷漠单调的城市街道好好学习。

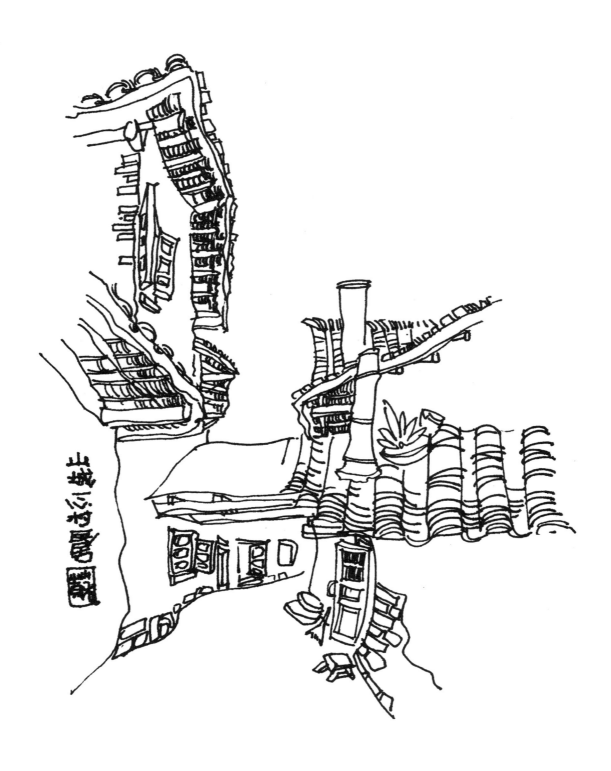

步移景异

山城的街道通常沿等高线展开，呈现出连续弯曲的形态，而且街道上往往过一段距离就会出现一个尺度宜人的过街雨棚，弯曲加上空间隔断使街道景观形成了丰富的层次，人在街上行走，街景徐徐展开，不断发生变化，达到了步移景异的境界。

街道客厅

　　与以广场为客厅的西方城市不同，山城的街道是山城人民的客厅，大量的楼梯、灶台、洗衣台等生活设施的外部化，使人们习惯了在室内生活，却在街道活动，室内与室外之间没有复杂的空间过渡，仅仅是一门的距离。画面重点刻画了这些街道生活设施，突出了街道生活化的特征。

山城沙坪坝民居写生
九五九·二三

圣马可街道

　　圣马可广场被拿破仑称为欧洲最美的客厅，以 L 形广场、转角处高高的钟楼，连续和谐的广场界面共同形成的丰富空间效果而闻名于世。在山城一心村一条普通的街道中我们感受到了同样丰富的空间体验。在这里弯曲的街道与 L 形广场，转角处高高的黄桷树与转角处高高的钟楼，连续和谐的街道界面与连续和谐的广场界面形成了完美的异形同构关系。其实，真正的美不在远方，就在你的身旁。

立体界面

在山城地势陡峭的街道两侧，建筑立面不仅沿街道长度方向展开，而且沿着与街道垂直的方向展开，不仅在水平面上延伸，而且在垂直方向层层跌落，街道因为有墙和屋顶的围合而构成了一幅错落有致，丰富多彩的立体界面。

街道家庭剖面

　　山城的街道是充满故事的街道，它就像是徐徐展开的一个个家庭的剖面，去掉围墙，把自己的生活展示给大家——当你沿着街道行走时，你会惊奇地发现左边家的张三在弥漫的烟雾中满头大汗地炒着回锅肉，右边家的李四在屋檐下聚精会神地给王五理着发，前边家的楼梯上款款而下一位身着旗袍脚踩高跟鞋左顾右盼的时尚姑娘，而楼梯下一位干练的大婶正在张罗着晾晒刚刚洗好的衣裳，菜米油盐酱醋茶，一首首生活的协奏曲就这样由老百姓们共同演奏着。

路漫漫

　　山城重庆地形陡峭，从江边到山顶的道路多成"之"字形蜿蜒上升，不断提升的平台之间有许多曲曲折折的坡道、梯坎相连。这种不断变向，不断变高度的道路系统不经意间创造了异常丰富的景观层次，人在街上行走，街景不断发生变化，达到了步移景异的境界。画面选择一个经典的"之"字形拐角，对地面进行了仔细刻画，突出了路的"之"字形特征。

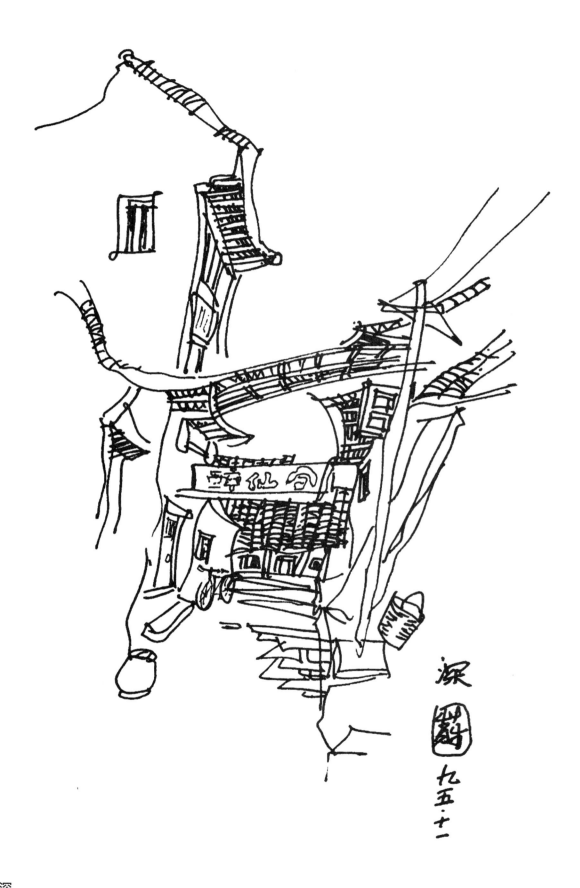

酒香不怕巷子深

在磁器口一处僻静的老街深处，隐藏着一个名叫醉仙居的酒馆，从外面看它其貌不扬，毫不起眼，推门而入，竟发现里面已是酒香四溢，高朋满座。真是"酒香不怕巷子深"、"馆不可貌相"，一个酒馆尚且如此，又何况人呢？

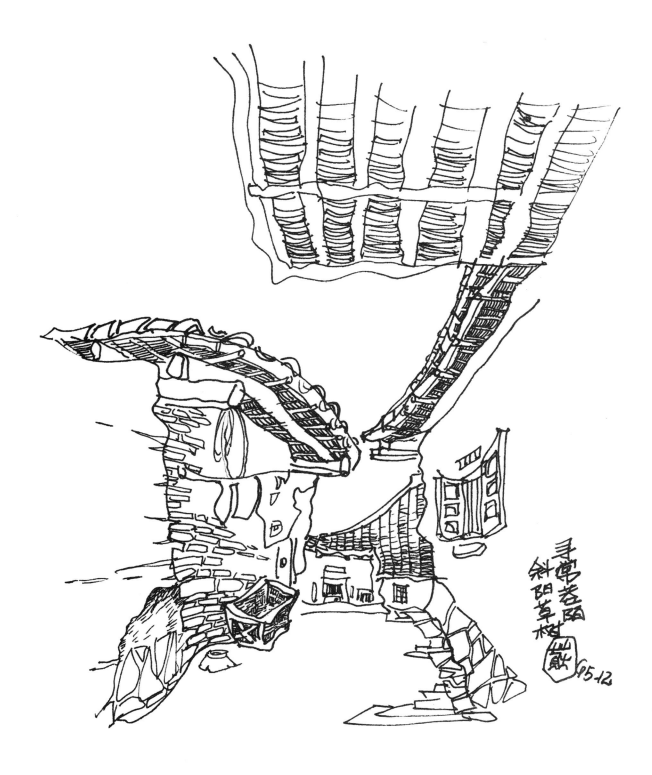

深檐之下

　　山城多雨潮湿的气候，使这里的人们喜欢在街道两侧，建筑之外，出檐所围合而成的灰空间中生活。它是街道空间向建筑空间过渡的中介空间，其空间围合度介于两者之间。而深出檐扩大了这一空间的范围，强化了这一中介空间本身，使其具有更加多样的实用性。画面选用仰视角度，用大片的深檐占据画面的前景，突出了山城街道檐下空间深远的特点。

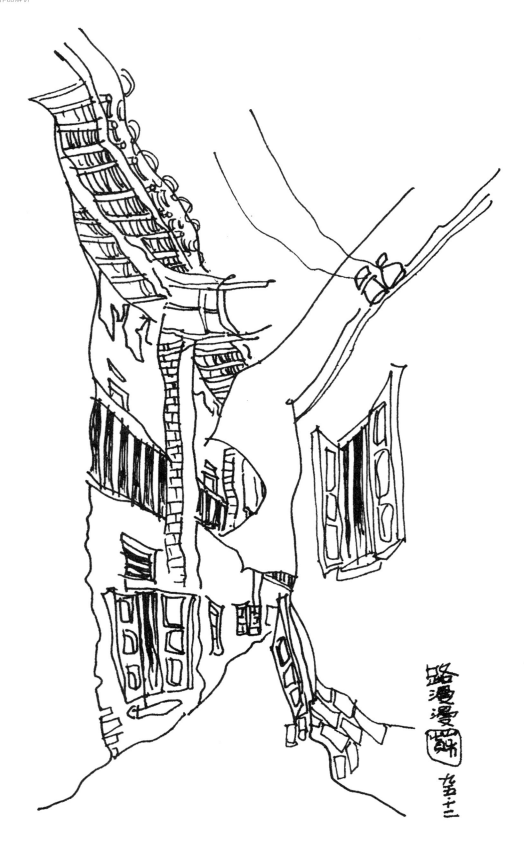

叠中叠

　　走在山城的老街，一种莫名的亲切感油然而生，抬望眼，你会发现自己头顶的天空被重重叠叠的各种水平遮蔽物限定着，第一层次的"叠"是在最高处的屋檐，它沿街道连续延伸便形成了檐廊的形式，加上支撑出檐的斜撑或廊柱，空间的边界更加明晰，成为一个自身较为独立的灰空间。第二层次的"叠"是在屋檐下的各式遮阳棚和遮雨棚，它们或连续或独立构成了更为开敞和流动的灰空间。这种"叠中叠"式的多层次空间围合方式适应了街道中正在发生的各种尺度的活动，成为山城街道独一无二的空间特点。

瓦乐

　　每次凝视着屋面大片重复的瓦，耳边似乎总会响起某种音乐的旋律。也许因为瓦似音符，

　　建筑如乐曲，都是通过单元的某种重复产生一种充满节奏和韵律的作品，在或重复或递进中，建筑或乐曲的韵律被逐渐推进达到高潮，而这种犹如乐曲的重复韵律，其实也可以出现在连绵不绝的瓦屋面中。画面萃取瓦屋面的局部，以放大的方式展现了通过瓦排列的重复与变化同样可以产生类似音乐的旋律。

舞檐

　　磁器口的地是起伏的地，磁器口的天是流动的天，磁器口的街是弯曲的街，磁器口的屋檐是舞动的屋檐。当静止的建筑，由流动的街道组织起来时，平凡的建筑也能产生优美的空间旋律。画面以山城街道曲折多变的屋檐为对象，通过明暗，繁简的对比勾勒出优美的天空轮廓。

廊非廊似画廊

　　留心处处皆风景，冬日里独自行走在磁器口镇一条弯曲的长廊中，廊如画框，将廊外的风景裁剪地分外得体，恍惚间我似乎进入了一幅徐徐展开的山水长卷，此时，廊非廊，似画廊。画面采用繁简对比的手法，简化处理成为画框的前景走廊，而将重点放在刻画廊外被裁减后的风景，形成了大实大虚的愉悦画面效果。

十八梯

　　由于山的缘故，老重庆被分成了上半城和下半城，上半城位于山顶，是繁华热闹、高楼林立的解放碑，下半城是从解放碑边缘地带沿众多狭窄陡峭的石头阶梯往下通达长江和嘉陵江江畔的那部分旧城区。一上一下之间的区别如一个在天一个在地。十八梯就是从上半城（山顶）通到下半城（山脚）的一条老街道。这条老街道全部由石阶铺成，陡峭，弯曲，如天梯般把山顶的繁华商业区和山下江边的老城区连起来。画面采用竖构图以强调台阶的陡峭，而两边实中间虚的建筑处理手法又进一步将人们的视线引向中间的石阶，突出了主题。

周庄双桥

　　如果说桥是江南水乡独特魅力之所在的话，那么桥之间默契的组合便是江南水乡最耐人玩味的景致了。双桥是周庄最美的景观，桥与桥的配合是我见过的江南古桥中最为默契的一对。两桥呈直角横纵相交，世德桥为石拱桥，而永安桥则为平桥，一曲一直的桥形变化让双桥的景致更耐人玩味，两桥一圆一方的桥洞与其各自在河中的倒影拼接在一起，便成了一把独特的钥匙。此外，双桥的美还在于两座桥尺度间的和谐，拱桥为高，平桥为低，从而形成了以世德桥为主、永安桥为辅的统一景观。

梦中老家

　　这是一幅关于梦境中老家的印象。在画面描绘的梦境中，老家的房屋、古树、石头、马匹以一种扭曲变形、不合情理的比例方式并列在一起，将梦的世界和潜意识的世界呈现出来，构成了一个超越现实的幻象。

漂 [印] 坛.十二于嘉陵江畔

一叶孤舟

　　浩浩汤汤的嘉陵江滚滚东去，岸边是一片重重叠叠的吊脚楼，江中是一叶孤独漂流的渔舟，在这一繁一简，一动一静的对比中，一种自然之伟大，人生之渺小的感悟油然而生。为体现这种感悟，画面采用大实大虚的对角构图，左下角实，代表现实世界，右上角大片留白，则给人以无限遐想的空间。

江边茶棚

　　嘉陵江磁器口码头之上有一个巨大的茶棚，它临江而立，三面开敞，视野极佳，人在其间，极目远眺，大江远山，蓝天白云尽入眼帘，再泡上一壶茉莉花茶，于沁人心脾的茶香中谈天说地，生活是如此美好，自然是如此的伟大，无论多烦恼的心情在这里都可以得到释放。画面采用仰视，除凉棚外无一物，突显了它在天地间的独特性。

丽江的水与桥

　　丽江以保存完好的古城和密布全城纵横交错、精巧独特的水系而著名，而有水就有桥，水与桥成为丽江街道独特的空间元素。画面以不同的简繁和明暗刻画了近、中、远景的建筑、水、桥三种街道元素，拉开了空间的层次感。

傣家竹林沙沙响

傣家竹林沙沙响

　　东坡先生说:"宁可食无肉,不可居无竹"。从这个意义上说,生活在云南西双版纳地区的傣族人民算得上是最最幸福的人,因为他们不仅与竹为邻,而且自己就居住在竹子搭建的"竹"楼里。傣家竹楼属于栏式建筑,一般为上下两层,底层架空是饲养家禽的地方,同时还可以防止地面的潮气,上层为人们居住的地方,它的房顶呈"人"字型,因西双版纳地区属热带雨林气候,降雨量大,"人"字型房顶易于排水,不会造成积水的情况出现。画面采用横构图,以舒朗的建筑形式表现西双版纳竹屋与自然和谐的关系。

老蒙特利尔教堂 一九九五四

蒙特利尔教堂

这是一幅照片临摹的作品，画面以蒙特利尔一处教堂为主景，通过重点刻画教堂外形独特的塔楼和细腻的红墙肌理，与两侧的配景建筑拉开了空间距离，形成了良好的前景、中景、远景空间层次。

蒙特利尔的街道

　　这是一幅照片临摹的作品，画面以蒙特利尔一处山地居住区的街道为对象，通过刻画街道上姿态优美的大树和街道一侧形态各异，细节丰富的居住建筑，勾勒出一幅人与自然和谐相处的生活场景。

梦里水乡

　　绍兴是座人文荟萃的江南古城，这里处处飘着酒香，荡着水韵，其风情堪与苏杭媲美。漫步其间，就如同进入了一座没有围墙的博物馆，不时能寻到王羲之、陆游、鲁迅等古今名人的足迹。在宁静的长廊里，在小桥流水幽幽泛起的微光中，只要你用心去听，用想象去感受，就能惊奇地发现千年绍兴历史上积累下来的那股浓郁隽永的人文气息还在那里如同游丝般飘浮着，也许这才是绍兴最动人的风景。

廊桥遗梦

　　如果说水是江南水乡的魂，那么桥就是江南水乡的体。作为水乡里水陆交通的纽带，桥在江南平直的地平线上，拱背隆起，环洞圆润，打破单调和平直的田野平畴，把水面与陆地紧密的连接起来。而廊则是水乡陆地上人们活动的主要场所，它与河并列，或宽或窄，

忽左忽右、时断时续，蜿蜒前行，与桥一起构成水乡生活的舞台，默默地凝视着、承载着、记录着水乡人千年的梦。画面仔细刻画了前景的廊和中景的桥，强化了廊桥在江南水乡空间中的印象。

秋风秋雨愁煞人

立秋的蓉城，一场瓢泼秋雨如期而至，刹那间天地一片昏暗，窗外的一切都被罩上了一层模糊的灰色。用斜线快速划过画面，模拟出雨的速度、方向和力度。

林中百花潭

　　百花潭位于成都市区浣花溪南岸，与青羊宫、杜甫草堂相邻，园内茂林修竹，曲径通幽，梅柳夹岸，丹桂飘香，假山飞瀑，鱼游鸟鸣，亭台楼阁，各呈其妙，可谓百步异景，趣味无穷。画面采用管中窥豹、小中见大的手法，以林中观亭的视野再现了杜甫"万里桥西一草堂，百花潭水即沧浪"的意境。

大足宝顶卧佛

　　宝顶卧佛是大足石刻最大的一尊造像，它头北脚南，背东面西，右侧而卧。全长31米，为中国最大的室外石刻卧佛，因其是横卧着的，所以人们就叫它卧佛。其实，佛经里没有这种叫法，按佛经的说法，它应该叫"释迦槃盘圣迹图"，表现的是佛祖槃盘时的情形。涅槃是佛教的最高境界，指修行圆满，从生老病死以及各种欲

望忧虑的苦海中解脱出来，进入"不生不死"、尽善至美的理想境地。这也是众生皈依佛法后所追求的最高理想。因此，这座雕塑给人的感觉就是一种似睡非睡，安详平静的感觉。为此，画面重点刻画卧佛头部半开半闭的两眼，将胸下部分隐入石岩，以意到笔伏的手法，便有了于有限中产生无限联想的艺术效果。

歌乐林居

在山高林密的歌乐山中，一座民居依林而建，孤单而静谧，画面采用三角形构图，以建筑周边的水杉林为刻画重点，将民居包围其中，民居大片留白的墙面与树林致密的树丛形成简单与复杂，水平与垂直，灰白与深绿的对比，拉开了空间的层次，表达了林居的幽静。

寂静的院

　　在磁器口镇深处有一个寂静的小院，院墙已斑驳，院门已消逝，只留下天空中缠绕的电线，乱乱堆在一旁的杂物，还有那座年代久远唧唧吱吱的木楼梯，在向来往的人们讲述着这里曾经古老的故事，或许是柴米油盐酱醋茶的琐事，也或许是悲欢离合的爱情故事，恍惚中似乎人来了又去了，喧闹过后是宁静，在时间面前一切都是过客。画面萃取这些生活的细节，营造出一种无所不在的孤寂。

东华观藏经楼

　　始建于元代的东华观藏经楼位于重庆的渝中区凯旋路，重檐歇山式建筑，因为历经千年风雨，频遭战乱毁坏，又缺乏保护，楼体的整体构架已经是摇摇欲坠，殿顶的琉璃瓦，在风吹雨打之下已变成青灰色，殿顶上杂草丛生，覆满了枯枝败叶。檐角已经残缺不全，房梁也被腐成了黑色。站在墙外凝视着这座仍在垂死挣扎的古老建筑，我突然有种无能为力的挫败感。虽然它有着绵长的历史，曾经香火兴旺，风光一时，但却仍然难逃最终被废弃的命运。这是一种偶然，还是一种宿命？其实，此时的我站在这里，也只是它历史长河中的一瞬，可感受到的却是永远的沧海桑田。

温泉寺山门

　　温泉寺是一座典型的山地寺庙，山门、接引殿、大雄宝殿、观音殿依轴线分别建筑在不同的高度的台地之上，参观者需要不断变向逐级而上才能到达。画面取仰视，采用 S 形构图，突出了山地寺庙曲折向上的空间特点。

万条垂下绿丝绦

　　穿过温泉寺接引殿，拾级而上，扭身回望，接引殿屋顶的黛瓦印满眼帘，与万条垂下的绿丝绦形成了黑与绿色彩，水平屋顶与垂直树枝形态的对比。

林中藏古刹

　　缙云山深处，一座巍峨的重檐歇山大殿隐在万绿丛中，犹如一个可望不可及的世外桃源，仰或一个神龙见首不见尾的山中隐者，充满了静谧与神秘。画面对前景和远景进行最大可能的虚化处理，中景的屋顶则细致刻画，大实大虚的对比之间，表达了空间的飘渺感。

北泉古刹林中隐

　　重庆温泉寺依山而建，寺内翠竹森森，林木葱茏，山光水色，风景如画。朱檐碧瓦，雄伟壮观的大雄宝殿隐在林中，远离尘世的喧嚣，正是忘却世事、排除嘈杂的干扰、潜心修行的好所在。画面通过对前景树的细致刻画和中景建筑的局部描写，再现了这种"隐"的境界。

温泉寺大雄宝殿

温泉寺大雄宝殿高高地矗立在陡峭的石阶尽头，寺相庄严，两旁对称站立着的参天老樟树如两大天王更强化了这一威严，画面采用仰视和一点透视，突出了唯一性空间特征，通过对大雄宝殿斗拱以及殿内释迦牟尼雕像和佛教信徒的刻画拓展了空间进深，引人深思。

万绿丛中一孤亭

　　一座孤亭掩映在林木蓊蔚的峻峭峡谷中，随着微风时隐时现，画面的主角不是亭，而是那一棵参天樟树，在无所不包的大自然面前，建筑退后成为配景。

颐和园紫气东来城关

　　紫气东来城关在颐和园万寿山东麓，峙于两峰之间，高大巍峨，颇有古意。画面用仰视以一点透视角度重点刻画了城关的重檐城楼，砖雕城堞，为打破一点透视造成的构图呆板，用从天空自由垂下的松枝形成近景，与水平的城楼形成了自然与人工，垂直与水平的对比之美。

船儿入港湾

周庄最美的时刻是它的清晨。因为只有此时才没有喧嚣熙攘的游客和商人，也只有此时，周庄才真正属于自己。几只累了一天的船儿还在熟睡，而一只勤劳的小舟已解橹启航，吱吱悠悠的划船声划破初春黎明河流上氤氲的薄雾驶向远方。

立体城市

清晨的朝天门码头，几艘渡船在嘉陵江趸船边随波起伏，天空之上过江缆车来回穿梭，在江面和天空之间是沿江高架高速公路，山城是名副其实的立体城市。

颐和园大船坞

　　初春清晨的颐和园乍暖还寒，位于颐和园万寿山西麓，小苏州河以北的大船坞静谧地躺在昆明湖中，薄雾模糊了湖水、船坞、旱柳的边界，让它们混合成一幅淡雅的水彩。

天坛祈年殿

　　祈年殿是天坛的主体建筑，是明清两代皇帝孟春祈谷之所。大殿建于高 6 米的白石雕栏环绕的三层汉白玉圆台上，也称祈谷坛，壮观恢弘，颇有拔地擎天之势。祈年殿是一座镏金宝顶、蓝瓦红柱、金碧辉煌的彩绘三层重檐圆形大殿，殿为圆形，象征天圆；瓦为蓝色，象征蓝天，其三层重檐向上逐层收缩作伞状，强化了敬天礼神的崇高之感。画面采用仰视，抓住祈年殿上殿下屋的构造特点，弱化建筑的细节装饰，以彰显其整体恢弘无二的气势。

不到长城非好汉

　　八达岭明长城是长城建筑中最具代表性的一段，作为北京的屏障，这里山峦重叠，形势险要。气势极其磅礴的城墙南北盘旋延伸于群峦峻岭之中，视野所及，不见尽头。依山势向两侧展开的长城雄峙危崖，壁立千仞，人立其上，一种"不到长城非好汉"的豪迈油然而生。画面采用竖构图，以突出其高险，忽略砖石材料等细节，以突出长城连绵不绝的恢弘气势。

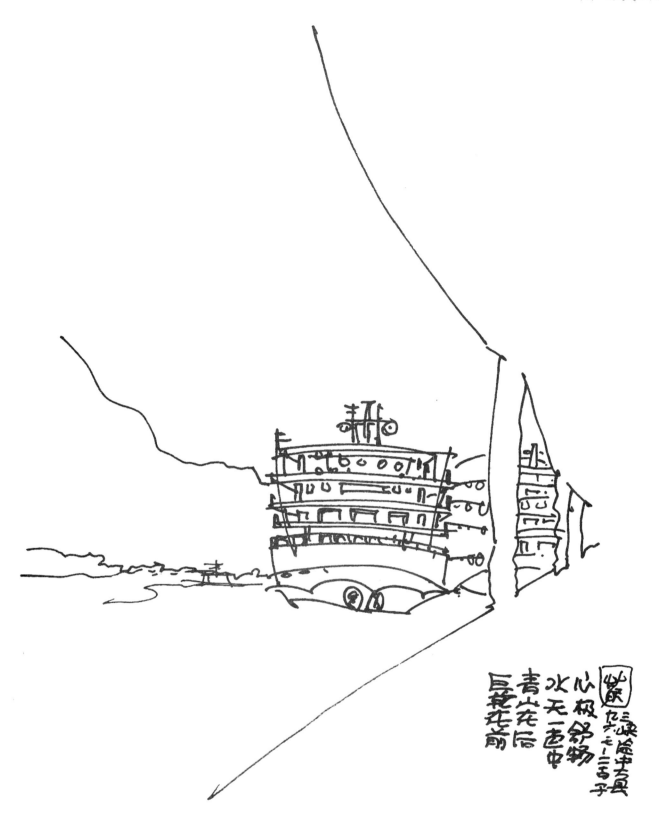

万县码头

坐江轮从重庆到巫山小三峡，黄昏时分到达万县港靠泊，只见夕阳下巨轮于前，青山在后，水天被夕阳染成一色，遂以船舷为画框，将这一美景收入画中。

大昌古镇有人家

一座白墙黛瓦的民居掩映在大昌古镇边的竹林中，屋前一棵巨大的香樟树让空间变得深远，高大的树冠将房屋、竹林和谐的统一在一起。画面用剪影的方式刻画前景的樟树和竹林，而细节则留给了树后的建筑，主次分明，空间生动。

大昌古镇老城门

　　大昌古镇是巫山小三峡大宁河上游的第一大镇，传说曾是巴人的都城。沿江边梯步拾阶进入古镇，就可以看到老城门，城门上绿草茵茵，城门外两排带骑廊的临街老房飞檐翘角、青砖黛瓦、张扬着昔日的繁华景象，中间一条狭长的青石古道蜿蜒着伸向远方。画面通过详细刻画近景的老房，一般刻画中景的城门，简略处理远景的街道，突出了古镇空间的深远感，画面中空无一人的街景则表现了古镇的沧桑感。

望江楼

　　望江楼,又名崇丽阁,取晋人左思《蜀都赋》中的名句"既丽且崇,实号成都"之意,它屹立于锦江之畔,高39米,共4层,是成都望江楼公园最宏丽的建筑,其外观十分精美、壮观,上两层八角攒尖,下两层四方飞檐,朱柱碧瓦,宝顶鎏金,即有北方建筑的稳健雄伟,又有江南楼亭的秀丽玲珑。画面为突出表达崇丽阁优美的体量,以崇丽阁为中景,重点刻画它的飞檐翘角,而增加的前景黄桷树和远景的树丛则丰富了空间层次,避免了画面层次单一的呆板。

一索飞渡

 窦圌山山顶三座山峰如擎天巨柱，立于天地之间，而这三座刀劈斧砍的石峰之间只有单链铁索桥相连，它分为上下两根，固定于峰顶的两建筑之间，下根铁链既粗且平，用以踩足，上根铁链较细，用做扶手。人行其上，如临万丈深渊，每当山风劲吹，铁链左右摇晃，哗哗作响，其惊险非一般人可以往矣。

角楼冬日印象

　　冬日的紫禁城下，光秃秃的槐树在凛冽的寒风中瑟瑟发抖，天地一片肃杀，树梢之上只见黄色琉璃瓦顶和鎏金宝顶的角楼在阳光下闪烁生光，衬着蓝天白云，越发显得庄重美观。犹如万绿丛中一点红，给冬天的北京带去难得的色彩和温暖。画面不求细节，重在表达冬日的紫禁城印象。

老火车头

午后在重庆钢铁厂的一处老厂房边，一个黝黑的蒸汽机车头静静地矗立着，岁月刻在斑驳起伏的漆面，犹如一个饱经风霜的老人，令人肃然起敬。画面选择用断续的线条来表现这种沧桑。

鸡鸣桑树颠

　　沿着磁器口平平仄仄的青石板路，我蜿蜒行进在古镇的小巷，突然一阵咯咯的鸡鸣声吸引了我，让我驻足探望，树下的农家小院里一个农妇正蹲在地上忙碌着，一群公鸡和母鸡悠闲地在院中踱着方步，不时发出咯咯的声音，好一幅和谐的农家乐。画面将围合院子的建筑画的很实在，留出了中心的虚空，而虚空之上的农妇和鸡群才是这幅画面的真正核心。

壁立千仞

　　有"川东第一名刹"美称的华岩寺位于重庆市九龙坡区华岩乡大老山，该寺依百丈高之山岩而建，岩形像笋，雄伟壮观，如何表达山与寺之雄与奇，成为画面要处理的主要问题。为此，画面采用将岩与寺集中于左下角而将整个画面右上角留白的不对称构图，寥

寥数笔从左上角倾泻而出，表达出岩石前倾之动势，岩上大片留白则让岩石有了壁立千仞的遐想，压抑在左下角寺庙的飞檐翘角腾空而起，与前倾的岩石紧密拥抱，完成了岩与寺合一的传奇。

深山藏古刹

　　大老山百丈岩下，松竹修茂，寂静幽邃，华岩寺立于绝壁之下，其势险绝，其形巧妙，画面重点刻画山之水平与寺之垂直势的对比，以及山之简洁与瓦之细腻的肌理对比。

庭院深深

　　与大多数其他中国佛教寺庙一样，华严寺也是传统庭园式建筑群，分为前、中、后三个殿堂院落，层层递进，画面通过采用明暗有不同、细节有深浅的方式描绘前景的香炉，中景的山门和远景的大雄宝殿，从而拉开了空间的层次性。

华严寺接引殿

　　华岩寺接引殿，建于清道光年间，院中三圣殿，歇山抱厦，飞檐翘角，结合山势，如飞鸟展翅，更显轻盈灵动。画面采用黑白对比手法，以远景的深色树丛衬托出前景的浅色建筑，用笔自由生动，突出了建筑的动态特征。

磁器口外不系舟

　　有"小重庆"之称的磁器口是重庆市沙坪坝区嘉陵江畔的千年古镇。嘉陵江在此转了一个优美的弯，由东北向东南奔去，此处江宽岸阔，水波不兴，是天然的良港。历史上曾作为嘉陵江边重要的水陆码头而繁盛一时，由此也极大促进了造船业的发展，然而随着铁路公路以及附近高家花园大桥的建设，作为码头的磁器口不可避免的衰落了，今天江边仍然静静停泊着的几只小船就默默地述说着这种变化。画面采用明暗对比的手法，突出作为前景的船只，弱化作为远景的建设中的大桥，拉开空间层次的同时也隐喻了磁器口的兴衰。

复杂的天际线

　　站在磁器口小巷的青石板上仰望，层层叠叠的屋檐将灰色的天空勾勒的复杂而生动，画面用剪影的方式弱化了建筑细节突出了复杂天际线，在一取一舍之间就是画者的匠心独运。

修竹听风

　　午后，一簇修竹在风中摇曳，发出哗啦哗啦的声音，竹林后是磁器口镇一个静谧的小院，竹之动屋之静勾勒出一幅悠闲自在的田园生活画面。为此，我将通常作为配景的植物放在了画面中心的位置作为主角，通过竹叶的姿态暗示轻风的存在，而将通常作为主景的建筑退后成为背景，通过对生活工具的描绘暗示了人的存在。

钓鱼城关 天险 甲天下

合川钓鱼城护国门

　　合川钓鱼城，位于重庆合川城区嘉陵江南岸钓鱼山上，发生在900年前，持续了36年闻名中外的元宋钓鱼城之战就发生在这里。当年纵横四海所向披靡征服欧亚非40余国的蒙哥大汗就战死在钓鱼城下。而护国门，是钓鱼城八座城门中最为宏伟的一道险关，左倚悬崖绝壁，右临万丈深渊的嘉陵江，为表现这一"一夫当关，万夫莫开"的雄险气势，画面采用竖幅仰视构图，以突出其高，简化处理两侧悬崖绝壁，以突出城门，采用一点透视，重点刻画城门细节，以突出空间之深远。

钓鱼城民居

　　一处石墙瓦顶的民居掩映在竹林深处，当微风拂过，哗哗响的竹林与宁静的石屋形成了有趣的动静对比。画面以竹林和香樟为前景，以民居为中景，通过以繁衬简，拉开了空间距离，表现了这种竹林藏石屋的意境。

钓鱼城观音阁

　　观音阁位于钓鱼城山巅，双层攒尖顶，正方平面，长宽各 12 米，可同时容纳数十人活动，人立其间，凭栏眺望，整个嘉陵江与两岸青山尽收眼底，是观察敌情的绝佳场所。画面采用 S 形构图，以观音阁为主景，简化前景和远景，形成良好空间层次，再用曲折的道路将三者串联为一整体。

嘉陵江畔有人家

暴雨过后的嘉陵江，江水暴涨，水面已接近江堤边的民宅，然而对于熟悉了江水涨跌习惯的山城人民而言，管它东西南北风，我自悠闲过生活，该洗菜的洗菜，该晾晒的晾晒，严苛的生活环境铸就了山城人民豁达乐观的性格。画面将这一生活场景记录下来，建筑反而成为配景。

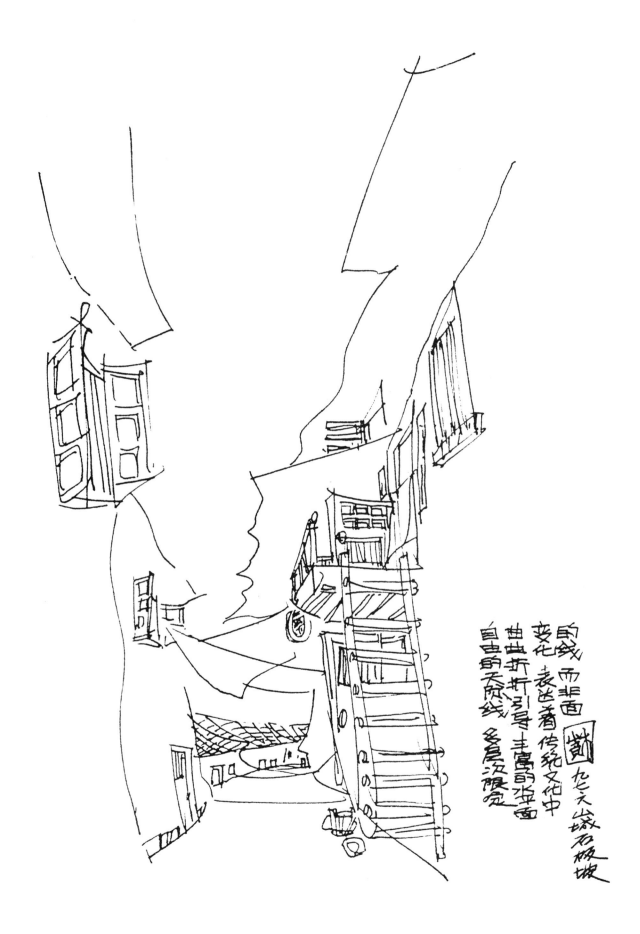

曲线，而非面
变化，表达着传统文化中
曲曲折折引导着丰富多变面
自由的天际线 多层次限定

九七天城石板坡

碎片天空

山城的街道，曲曲折折，深深浅浅的屋檐与高高低低的雨篷形成复杂而自由的天际线，画面重点刻画了这一空间特征。

在街道生活

　　湿热的气候，局促的山地，使山城人民的日常生活日益街道化，而这种生活的外化使山城的街道充满了勃勃生机，画面通过仔细刻画街道生活场景的诸多细节表达了这一生机。

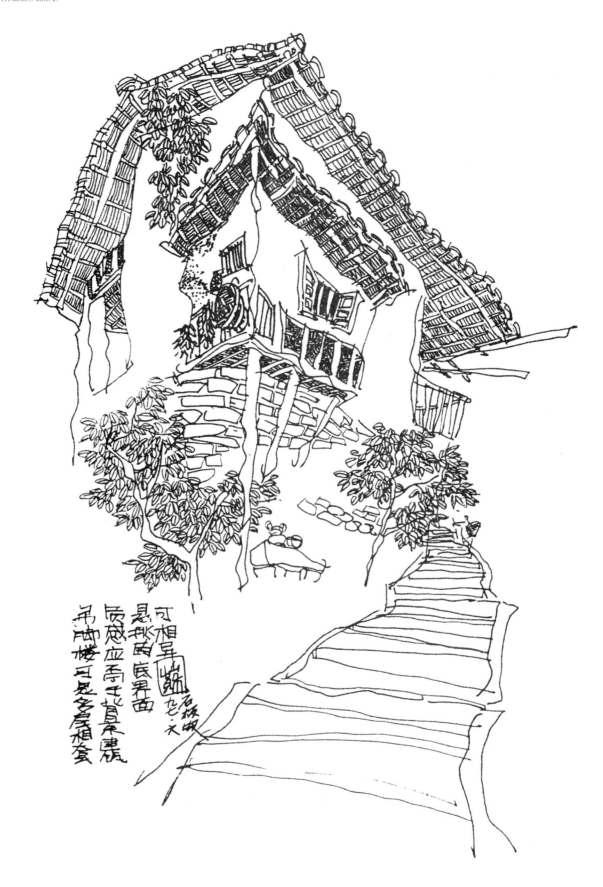

矗立在山巅

在石板坡沿着石板路不断上行，蜿蜒在山间、依山就势而建的吊脚楼就高高低低的展现在你的眼前。都说建筑是城市最好的名片，四合院代表了北京的磅礴和大气，石库门彰显着上海的精细与别致，那么吊脚楼对于重庆来说更像是一种生态符号，它象征着重庆人坚忍不拔的精神。沿着奔腾的长江，顺着蜿蜒的山脉，吊脚楼树立在悬崖峭壁边，仿佛欲说还休地讲着当年发生的故事。画面采用仰视，并重点刻画吊脚楼的结构和形式细节，表达了建筑的坚韧与乐观。

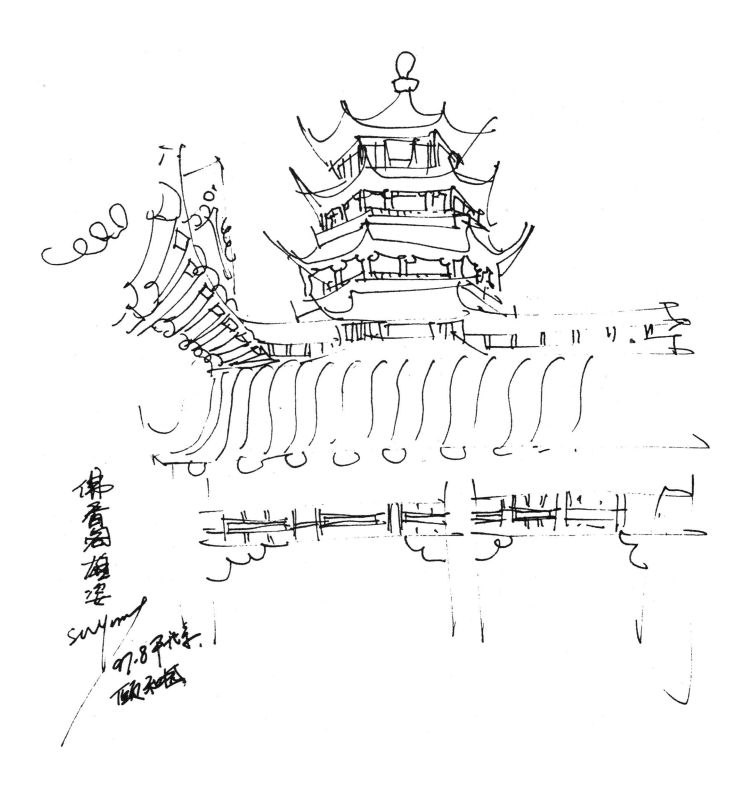

佛香阁

　　佛香阁是颐和园的主体建筑，建筑在万寿山前山高 20 米的方形台基上，南对昆明湖，背靠智慧海，以它为中心的各建筑群严整而对称地向两翼展开，形成众星捧月之势，气派相当宏伟。画面采用仰视，以飞檐翘角的轮廓刻画为主，忽略繁琐的装饰，重点突出了佛香阁在颐和园中占统治地位的气势。

窄

　　狭窄，是山城旧城街道的空间特征，选择竖幅画面，重点刻画一线天式的屋顶和曲折的石板地面，强化了窄的空间感受。

材料质感流\
线（步道）及相邻的\
自由的建筑道呈

山城菜园坝

一九七九子

高楼仰止

　　山城菜园坝的吊脚楼矗立在江边的山巅，凭借着山势，民居也能够巍峨壮观，为体现这一独特的景观，将主体建筑居于画面的右上角，一条蜿蜒下探的阶梯从画面右上角奔流而下，细节逐渐减少，最后消失在画面的左下角，使整个建筑如飘在空中。

第五立面

　　山城高低起伏的环境，提供了与平原城市完全不同的城市景观体验，人们可以在同一时间欣赏到建筑的五个立面，画面通过同时对瓦片，木檩，椽子和剥落的竹篾墙的描绘，准确表现了这一独特视觉特征。

轻画的思想、着着传统的重线的美亦表达表达着自然柜着的暴露

参差多态之为美

朴素是美的，复杂又何尝不是呢？罗素说"须知参差多态乃是幸福本源"，对于山城民居而言，参差多态则是美的本源。建筑随山就势，忽高忽低，忽左忽右，材料就地取材，砖、石、木、竹组合多样，空间形式或开或闭，亦内亦外，模糊不定。在这里你永远不会找到一模一样的建筑，也永远无法预知下一个建筑会是什么样，美就在这一种不确定中。

过街楼

　　山城的街道是充满乐趣的街道，而过街楼的存在正是产生这种乐趣的原因之一，犹如音乐里强弱调整的节拍，它让线性街道产生抑扬顿挫、开合收放的节奏变化。

楼骑楼

　　由于长江、嘉陵江横跨城区，造就了两江四岸。因此，重庆的江边沿山坡处，到处都有几根柱子撑着的一间间四四方方的木楼，这就是吊脚楼。这些吊脚楼从山脚一直蔓延到山顶，吊脚楼脚顶着头，头压着脚，就这么你叠着我，我叠着你，高低错落、起伏跌宕

恰似一幅流动山水写意画。画面通过不同层次的细节和黑白关系分别刻画了前景两栋相叠的吊脚楼，中景的背景树和远景只有轮廓的吊脚楼群，形成了良好的空间层次。

半边街

    在地形坡度陡峭的石板坡山顶，靠山脊一侧浓密的黄桷树下建着一排简陋的吊脚楼，外侧则作为街道，面向江边的一侧是一片废弃的山地，长满了杂草和乱树，因为只有一边是民房，所以叫半边街。画面采用非对称的竖构图，左实右虚，形成了愉悦的疏密对比。

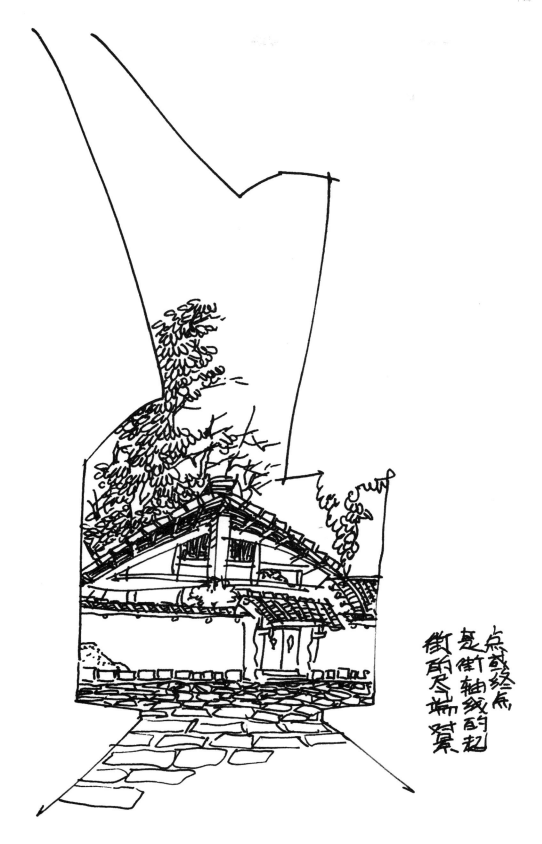

点或终点
是街轴线的起
街的尽端景

街道尽头是风景

　　山城的街道最让人惊奇的就是它无处不在的风景，你在密如蛛网的街道中转着转着，忽然就会发现视线的尽头有别样的风景在等着你，或是一个安静的小院，或是一处热闹的茶馆，或是一个微型的小广场，它引导着你，忘却了时间，忘却了空间，就这样从一个风景走向另一个风景。画面虚化街道，重点刻画街道尽头的风景，用大实大虚的构图强化了这一街道印象。

石板坡的犄角旮旯

　　街道成为了日常生活的一部分，日常生活也延伸进了街道当中。

　　老街道周围居住着大量普通老百姓，街上散发着浓浓的市井气息。掏耳朵的、修脚的、做木工的、做裁缝的、卖烧饼的、卖针线、打麻将的，还有山城绝对少不了的棒棒军，散布在各处，更有狗啊猫啊，随意趴在地上打着盹。石板坡是老重庆市民生活的真实写照。

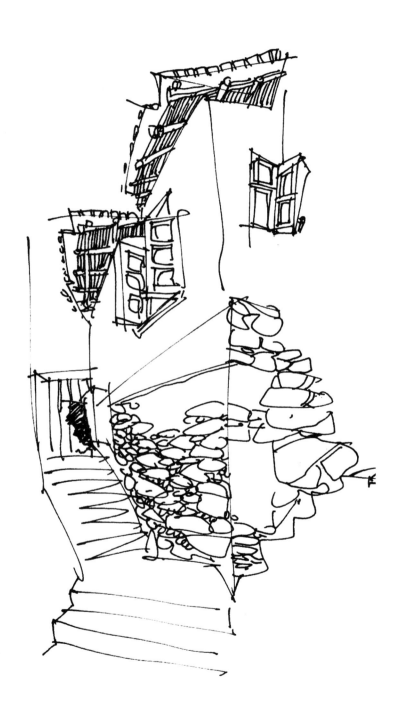

爬山街

　　山城重庆沿江各个渡口与城市主要街道之间都有较大的高差，在这些位置出于便捷性的要求，街道垂直于等高线修筑。一级级的台阶随着山势向上攀援，两侧的建筑物依次升高，蔚为壮观。由于其特有的形态特征以及在其中活动的人的行为方式，这样的街道又被称为"爬山街"。

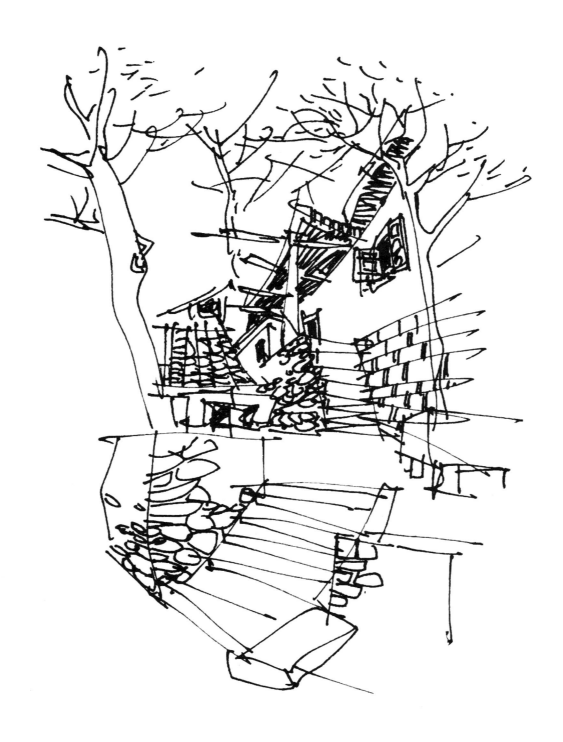

石板坡的立体街道

石板坡的街道

石板坡的屋顶

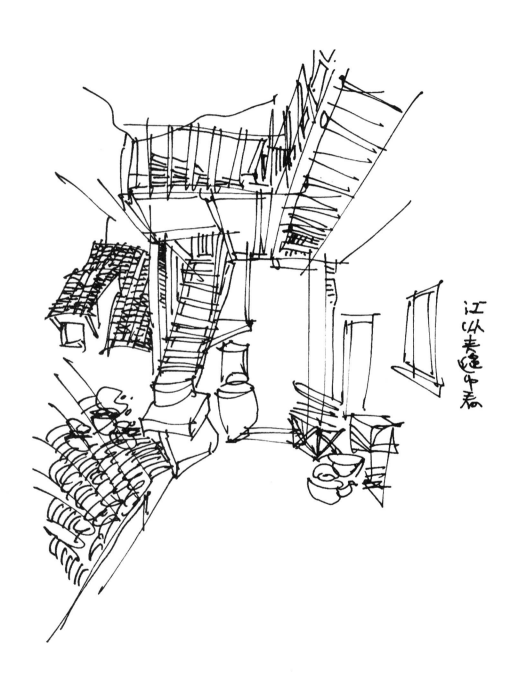

江以东逸中君

石板坡的室外生活

石板坡的半边街

石板坡多变的街道

石板坡的立体交通

石板坡的爬山街

从室内到室外

　　重庆人豁达风趣、乐观的性格特点，促成了人们对街道的公众性的偏爱。街道空间与室内空间之间的过渡并没有经过复杂的梯度等级，只是由简洁的建筑外部空间就得以完成，为众人的交往提供了相当大的可能性。街道的平台尽端或凸出的尖角，街道边界的不规则处，主干路面之外的枝节台地，成为人们休息、阅读、打麻将、洗衣做饭等日常生活的绝佳场所。

石板坡的拐角商店

石板坡的小吃摊

大佛湾密宗道场

苏勇 98.4于大足宝顶

大足宝顶卧佛寺

　　大足石刻是一座始建于晚唐、兴盛于两宋，造像近万尊的大型佛教密宗道场，与敦煌莫高窟、云冈石窟、龙门石窟、麦积山石窟等中国四大石窟齐名。以其浓厚的世俗信仰，纯朴的生活气息，在石窟艺术中独树一帜，把石窟艺术生活化推到了空前的境地。卧佛是大足石刻中体积最大，细节最丰富的石雕之一，在卧佛之上还另建有寺庙一座。画面以卧佛和卧佛之上的佛寺为主景仔细刻画，突出表现了大足石刻将世俗生活与佛教教义紧密结合的特点。

松潘老街

　　松潘位于四川省阿坝藏族羌族自治州东北部，是以汉藏为主的多民族聚居区，反映在松潘老街的建筑风格中就是汉藏建筑风格的并置，一边是二层的木质穿斗建筑，一边是一层的土坯建筑，它们虽然形式和体量都不同，在远山的拥抱中融合为一体。

河边磨坊

　　一条湍急而清澈的溪流从松潘古城的南端潺潺而过，一座河边磨坊轻盈地跨在溪上，水磨旋转，使得安静的小溪顿时活泼生动起来。溪边绿树葱葱，杏花吐蕊、上下沙洲百鸟争鸣，共同构成了一幅宁静而繁荣的乡村图画。

虽有柴门常不关

松潘城外的一座普通农家院落，柴门半掩不闻犬吠，瓦屋数间幽静无人，好一幅"虽有柴门常不关，片云孤木伴身闲"的宁静。画面分为三个层次，近景是半掩柴门和低矮围墙，中景是桑树和堂屋，远景是邻家建筑。三者之间用线条的疏密和黑白对比之法拉开了空间层次。画面中垂直的桑树和水平的柴门形成了有趣的对比。

松潘城关

　　清晨雄伟的松潘城楼被暖暖的朝阳抹上了一丝温柔，充满了宁静祥和的气氛，我将城楼作为中景安排在画面中下部，仔细刻画了屋顶和屋身，而前景的民居屋顶和远景的山脉则几笔概括，通过线条的疏密，曲直对比形成虚实对比，表现了空间感。

从松藩到诺
尔盖路极难
难路遍藏民
阻车鲁曼夏
四都骑牦车
过手激动滴
君俩农包
抛锚了活
你盖怡
车厂
九公
日寺间
坡

抛锚在若尔盖

从松潘前往若尔盖是一望无垠的草原，没有公路只有土路，经过顽强拼搏，我们老而弥坚的北京吉普212终于挣扎着挪进了若尔盖汽修厂，修车间隙随手画下了修车场景。画面中作为主景的212打开的前车盖和发动机舱内复杂的机械设备形成了愉悦的肌理对比。

若尔盖汽修厂

　　若尔盖汽修厂是在草原上奔跑的汽车的家，因为高原道路条件的严苛，这里的汽车故障率居高不下，修车成了家常便饭，修多了许多司机也成了业余的汽修工。画面选取汽修厂的一角，仔细描绘了修理汽车的细节，再现了汽修厂散乱而有序的空间特征。

巴西林场

　　清晨的巴西林场,水平伸展着,如同一个虔诚的朝圣者安静地匍匐在山岭之下,建筑因谦卑而与自然融为一体。画面以中景的村落为主景,前景的草原和远景的山脉寥寥几笔,简略处理,拉开了彼此的空间距离。

热当坝草原民居

热当坝草原民居犹如植物覆盖于地面一样匍匐在这片中国最大最平坦的湿地草原之上。

垂直的经幡将高高低低的木栅、坡度平缓、层层叠叠的屋面、舒展而又深深的挑檐统一起来，并与远处起伏的山丘融为一体。

山穷水尽疑无路，柳暗花明郎木寺

　　在川甘两省交界处的群山中藏着一个地理上与世隔绝却又在文化上与世界联通的小镇郎木寺，这里群山环抱，林木茂密，风景十分优美。一条宽不足 2 米名叫"白龙江"的小溪从镇中流过，把小镇一分为二。溪北是甘肃的"赛赤寺"，南岸是四川的安多达仓郎木寺，中间夹着回族的清真寺，两个藏传佛教的寺庙在这里隔"江"相望。一条小溪融合了藏、回两个和平共处的民族，喇嘛寺院、清真寺各据一方地存在着，晒大佛、做礼拜，小溪两边的人们各自用不同的方式传达着对信仰的执著。

　　为表达这一独特地理和文化特征，我将远景的山安排在画面整个上部，连绵展开以表达小镇被群山环抱之势，而将近处的村落安排在画面下部用肌理和明暗对比之法仔细刻画，前景远景之间用大片留白处理，拉开了空间感，镇中心的白龙江则用两笔曲线表达，加上江边散布的牦牛共同点出了世外桃源独有的悠闲。

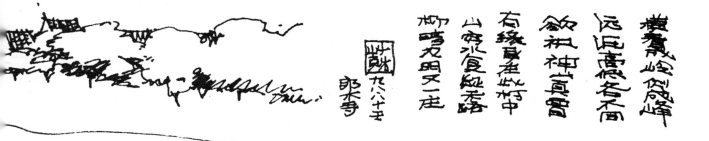

横看成岭侧成峰
远近高低各不同
欲识神真面
有缘尽在此行中
山花水食缘老路
柳鸣龙明又一庄

一九八十五
郎木寺

出世与入世

在橘红的落日余晖下，郎木寺在山巅静静地伫立着，与飘舞的经幡共同传导出一种神秘的、远在天边的出世气息，山下，白龙江边，寨子里的炊烟袅袅升起，好一幅安宁和谐的生活味道。恍惚间出世与入世就这么鲜活地呈现在面前。画面采用 S 形构图，线条生动，一气呵成，巧妙地把山巅和山脚、出世与入世结合在一起。

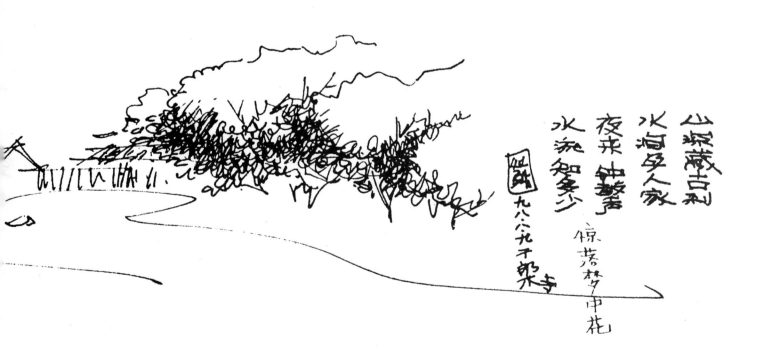

山坳藏古刹
水涧多人家
夜来钟磬声
水流知多少

惊落梦中花

一九八九于梁寺

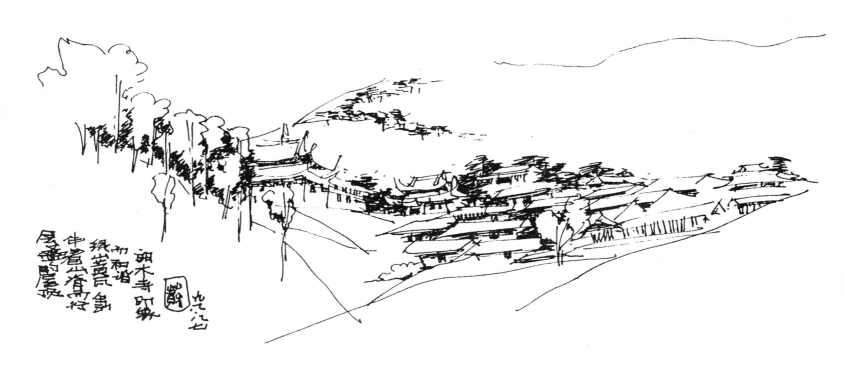

深山藏古刹

郎木寺的群山之中，虔诚的信徒磕着等身长头来来往往，寺庙在远山茂密的树林后忽隐忽现，神秘而令人充满向往。画面分为前中后三个空间层次，前景为树林，中景为寺庙，远景为山脉，不同空间层次采用黑白对比拉开，再现了郎木寺群山环抱半隐半现的神秘景观。

郎木寺民居

不同于农业文明地区，人们对定居的重视而将居住建筑建的尽可能坚固，属于游牧文明地区的人们其居所也呈现一种临时性、简易性的特征。石板和石块搭成的屋顶，木栅和藤编拼成的墙面，还有迎风招展的红黄绿白蓝的经幡共同构成了郎木寺藏族民居的基本特征。

信仰在风中飘扬

　　经幡是藏族民居的一大标志。进入大门之后，是主人家的院落，院落中央矗立着高 10 多米的经幡旗杆，旗杆上有红黄绿白蓝的经幡，上面印有多种经文，据说随风飘一次，就犹如念一遍经文，经幡遂成为诸多不识字藏民的心灵寄托。

藏家小院

　　草原农区的藏家农舍具有鲜明的民族和地方特色，房屋就地取材，先用泥土建砌成壁，然后用木板间隔成若干房间。屋的最下层是饲养牲口和堆集草料、牛粪等物。居住、睡觉、炊饭，经堂等功能都集中在第二层，人畜既集中又分开，方便生产生活。为突出这一分层特点，画面中抓住柴堆草垛，农具家禽，飘扬经幡等元素反映出浓浓的藏族农家生活情趣，大片留白的屋顶与细腻的生活细节刻画形成了清晰的肌理对比。

失之东隅，收之桑榆

　　高原严苛的气候条件将郎木寺一处普通民居的泥墙破坏的摇摇欲坠，石块压制的屋顶在狂风中也显得随意和不那么牢靠，然而就在这样恶劣和简陋的生存环境下，却孕育出藏族人民吃苦耐劳、天真淳朴、信仰坚定的民族精神，外部环境的艰苦，使藏族人民反向追求内心的平静，也许这就是"失之东隅,收之桑榆"的空间哲理吧。

若尔盖达扎寺

　　达扎寺位于若尔盖县城东北部，是一个格鲁派（黄教）寺院。寺院建筑依山而建，借助山势，显得雄伟壮观，建筑风格融藏族和汉族传统建筑风格为一体，金色的歇山屋顶，白色的石墙，红色的檐口，黑色的帐幔共同构成了蓝天白云下最原始和纯粹的对比。

阿坝郎木寺辈经堂
九八.八.九日

郎木寺的清晨

　　山里清晨的空气沁人心脾，而温暖的阳光却让郎木寺的白墙黄顶罩上了一层闲散慵懒的气氛，在沙沙的扫地声中，早起的僧人们已匆匆奔向经堂，早课开始了，画面通过描绘这些生活的细节渲染了从容宁静的寺院生活。

藏族大妈

　　一方水土养一方人，草原人的性格就如这一望无垠的草原般简单、包容、好客。在热当坝辽阔的草原上，我们邂逅了一位正在忙着挤奶的藏族大妈，攀谈中，热情好客的她邀请我们去她生活的帐篷做客，并为我们斟上她亲手熬制的酥油茶，至今，温馨的场景依然时常萦绕在我的脑海中。

白居寺中菩提塔

白居寺位于江孜县城东北，是一座聚西藏萨迦、格鲁、布敦等各教派于一体的寺庙，巨大的菩提塔是白居寺中最有特点的建筑，从寺外的街道就能远远看到它从寺庙中腾空而起的身影，形成了独特的寺中有塔、塔中有寺，寺塔浑然天成的景观。画面以菩提塔为主景，详细刻画了其巨大的须弥座，塔身和塔顶等细节，再通过前景弯曲的玛尼杆，和远景自由的山脊院墙打破了画面的中心性。

通往拉扑楞寺闻思学院的小巷

　　远山之下，连绵几公里的藏传佛教格鲁派六大寺院之一的拉卜楞寺建筑群巍峨壮观，而高高在上、红墙金顶的闻思学院则是这一建筑群的中心。沿着曲曲折折通往闻思学院的小巷拾步而上，大经堂的鎏金铜瓦、铜山羊和法轮、幡幢、宝瓶、房檐下挂的彩布帐帘等装饰物时隐时现，神秘而令人神往。画面用 S 形的小路作为主线将视线自然引向中心的大经堂，再通过对大经堂建筑细节的刻画强化了这一中心，自由曲线的远山则进一步拉开了空间层次。

拉扑楞寺经堂

　　拉卜楞寺宗教体制的组成以闻思、医药、时轮、吉金刚、上续部及下续部六大学院为主，在全蒙藏地区的寺院中建制最为健全。闻思学院是其中心，又称大经堂，是"磋钦措兑"（即教务会议，为拉卜楞寺最高权力机构）会议的场所，为全寺之中枢。大经堂占地10余亩，有前殿楼、前庭院、正殿和后殿共数百间房屋，是全寺最宏伟的建筑。前殿楼为汉藏结合式建筑，歇山屋顶，顶脊有宝瓶、法轮等饰物，楼上供吐蕃赞普松赞干布之像，楼上前廊设有供活佛们每年正月和七月法会观会时的坐席，楼下前廊为本院僧官逢法会时的座位，皆有黑色帐幔，与红墙、红檐、金顶形成了强烈的色彩对比。画面用寥寥数笔虚化前景和远景，而对中景大经堂的屋顶，墙身装饰等建筑细节进行仔细刻画，突出了大经堂作为寺院和画面中心的地位。

墙里墙外

　　站在拉扑楞寺哲学院高高的围墙外，抬头望去只有辩经堂金碧辉煌的鎏金铜瓦在阳光下熠熠生辉，墙里传来嘈杂雄浑的僧人辩经声却看不见一个人。为表达围墙之高，我将辩经堂的屋顶与围墙顶置于整个画面上部，而画面下部则全部留白，一实一虚间墙里墙外、出世入世就这么奇妙地纠缠在一起。

汉藏合一塔尔寺

　　塔尔寺是青海省和中国西北地区的佛教中心和黄教的圣地，主要建筑依山而建，分布于莲花山的一沟两面坡上，共有大、小金瓦寺等大小建筑共 1000 多座。寺庙的建筑涵盖了汉族宫殿与藏族平顶的风格，独具匠心地把汉式重檐歇山式与藏族檐下鞭麻墙、中镶金刚时轮梵文咒和铜镜、底层镶砖的形式融为一体，和谐完美地组成一座汉藏艺术风格相结合的建筑群。画面仔细刻画雄壮的重檐歇山屋顶，其它建筑细节则简化处理，以突出重点。

大金瓦殿

　　大金瓦殿位于塔尔寺正中，三层重檐歇山式金顶，檐口上下装饰了镀金云头、滴水莲瓣。飞脊装有宝塔及一对"火焰掌"。四角设有金刚 套兽和铜铃。底层为琉璃砖墙壁，二层是边麻墙藏窗，整个建筑庄严大方，雄伟壮观。画面以刻画大金瓦殿重檐歇山屋顶组合的气势为目的，因此对檐下斗拱、围墙砌筑等建筑细节弱化处理，避免模糊画面焦点。

青海湖边一旱轮

　　雨后的青海湖波平浪静、水天一色，宁静的背景更突出了前景湖畔船坞上待修轮船的雄伟，画面采用仰视，将轮船的上部建筑和地面船坞平台作为重点描绘，强化了轮船的轮廓美和细节美。

山谷藏循化

　　循化县位于青藏高原边缘地带，黄河上游河谷地区，是撒拉族主要聚居地，这里南高北低，四面环山，山谷相间，高差近 3000 米，进出循化要先从山谷盘到山顶，再从山顶盘到山谷，一次进出犹如经历一年四季，十分惊险。画面通过高大的工业烟囱与四面群山对比的渺小，突显了循化四面环山的特殊地理环境。

章鱼画
九八十

水翔的屋面
跳动的音符
韵律的诗歌
构成飞翔动人
的山城民居乐章

飞翔的屋顶

石板坡在重庆老城金汤门外，是重庆市主城区吊脚楼古建筑群的重点保护区，坡下就是那条著名的连接主城与南岸的长江大桥。在石板坡的悬崖峭壁之上，散布着众多风格各异的建筑，它们与那些光秃秃的岩石、绿映映的树丛一起，构成了山城重庆特有的风景。

我站在石板坡的半山腰，放眼望去，高高低低的灰色瓦屋顶如波浪一般涌向远处的长江，连绵起伏，气势磅礴，阳光下细腻的灰瓦与简洁明亮的江水形成了强烈的肌理和色彩对比，画面采用俯视角度，通过突出表现层叠起伏的瓦屋顶忽略其它建筑细节再现了这一令人印象深刻的景观。

山城石板坡民居
还取依山之势
自由灵动
充满生机
绿树衣荫
青石木栏
戈一潇美
而的交响
乐章
国九十

奔腾而下吊脚楼

　　站在长江边回望山城石板坡，连绵不绝的吊脚楼迎面扑来，气势逼人，远处的现代高层建筑时高时低随山势起伏。画面将深色的传统建筑作为中景细致刻画，浅色的现代建筑作为远景用简略的画法一笔带过，前景则大片留白，在一繁二简之间，山城起伏多层次，传统和现代对立的山地景观特征跃然纸上。

重庆石板坡路盘燃池 九八十

生活的外化

　　重庆老城的人们喜欢在街道上生活，他们悠闲地在家门口做饭、吃饭、打麻将、摆龙门镇，在这里传统的私人空间和公共空间的区隔十分模糊，由此也造就了亲密无比的邻里关系，画面通过细致刻画街道上的锅碗瓢盆、板凳座椅以及晾晒的衣服裤衩隐喻表达了这一邻里关系。

廊不为核桃客商面史 →

suyong
98.4.

山城骑廊

　　山城潮湿多雨，骑廊就成为人们喜闻乐见的空间形式，人们在这里漫步，在这里摆龙门镇，在这里从小走到老，画面在街景中重点刻画了骑廊。

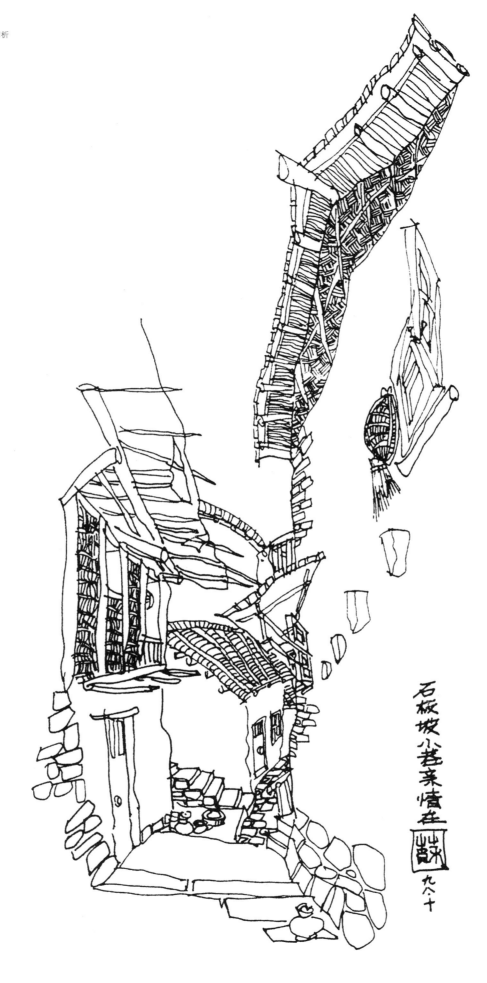

石板坡小巷亲情在
图
九八十

爬坡上坎

爬坡上坎是居住在山城石板坡的人民每天必须面对的生活经历，画面抓住起伏转折的地面和高高低低的屋面重点刻画，用空间印象再现了这一特殊的生活经历。

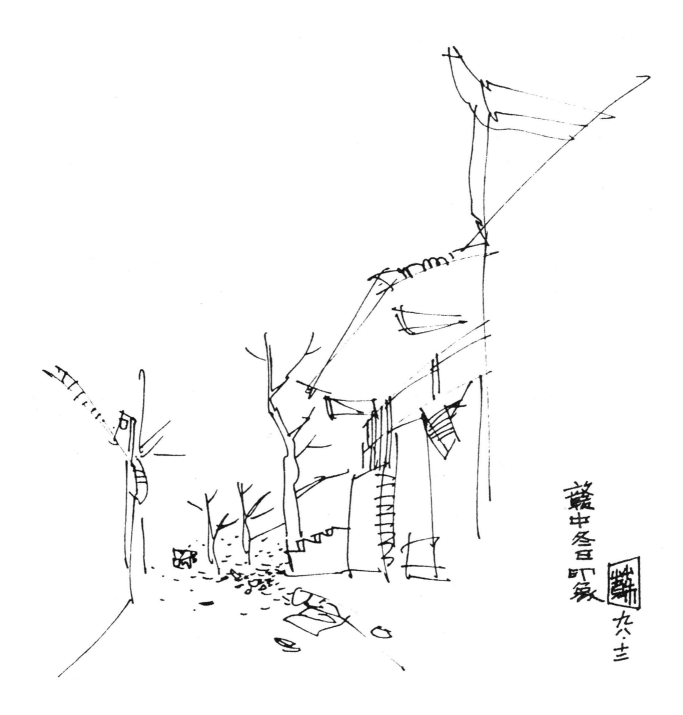

赣中冬日

　　赣中高安的冬天，没有北方的冰天雪地，银装素裹，南方的冬天永远都只是一片萧条之色，我踩着无数片刚刚落下的黄叶，仿佛听到一丝生命枯萎的声音。树杈上只剩下了枯枝，泉水渐渐干涸，天很冷，带着那种湿润的直透入骨髓的冰凉仿佛要把身体的所有温暖都抽去。

　　因此，画面上就留下了寥寥数笔的寒舍、枯枝、落叶、独行的人，寒冷冻住了天地，冻住了思维，也冻住了钢笔。

马头墙欢歌

　　高低错落的马头墙，是中国南方赣派建筑、徽派建筑的常用格式之一，赣派建筑那高大封闭、静止呆板的墙体，因为马头墙的存在而显得错落有致，呈现出一种动态的美。画面中用灵活的线条勾勒出马头墙的外形和细部，同时简化了其他建筑细节，从而突出了重点。

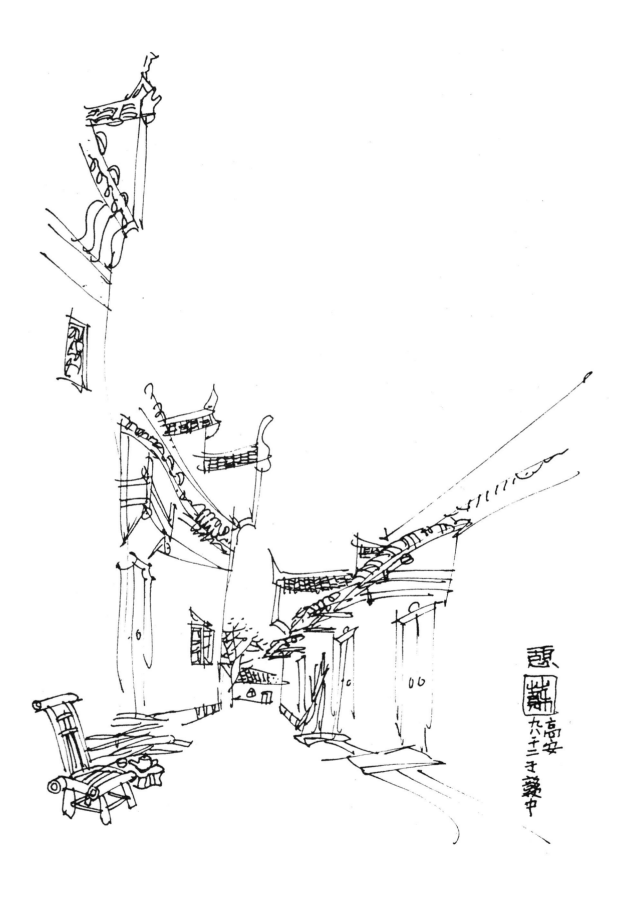

憩

　　中午的太阳刺破冬日高安的雾霾，暖暖地照在村里的小路上，上午还坐在板凳竹椅上边晒太阳边干活的人们都回家做饭了，只剩下孤独的街道、板凳、竹椅、茶壶还在继续着太阳下的阳光浴。

飘

　　干涸的池塘里有气无力地飘着一个木桶，一栋孤独的建筑和两株冻得瑟瑟发抖的枯树，画面以少代多，用倾斜表达木桶飘的状态，用摇曳的倒影表达颤抖的寒冷，简单几笔就勾勒出一个冬日高安的水边景象。

老树、祠堂、人家

　　一棵古老的香樟树摇曳在风中，一座祠堂隐藏在树后，风起时沙沙的树叶婆娑声似乎在低声述说着这个村子曾经和正在发生的故事。于是，树而不是祠堂成为这个画面的主角，它作为前景占据了画面的中心和绝大部分面积，树叶在风的作用下，舒展飘逸，错落相间，建筑则安静地退到远处成为画面的背景。

黄龙溪畔的茶叙

　　黄龙溪镇是成都南面的军事重镇，建镇至今已逾1700多年，它东临府河，北靠牧马山，依山傍水，风景秀丽。古镇最有特色的莫过于茶馆，路两旁、河堤上、竹林下，一字展开的竹台、竹椅、竹凳，成为古镇上一道诱人的风景。喝茶对于古镇上的人来说，那是与吃饭并列的头等大事，马虎不得。人们偏爱将本地产的茉莉花茶冲在盖碗里，一碗茶几块钱，便可以坐上一天，许多老人习惯了大清早上馆子遛鸟摆龙门镇兼喝茶，花钱不多，却是一种悠闲、雅致的享受。画面通过重点刻画近景的茶馆、茶客、茶具和茶招点出了"茶"这一小镇的生活主题，而另一主题黄龙溪则作为远景不置一墨，几只扁舟足矣。

香港弥顿道

弥敦道位于香港九龙，连接旺角与尖沙咀这两个主要商业区，是香港最著名的街道之一，这里高楼林立，交通立体，人车分流，杂乱而有序。画面采用竖构图，以表达香港街道的拥挤感，街道两侧的建筑则通过繁简不同的处理拉开空间层次，以表达香港杂乱而有序的城市空间特征。

新旧两世界

　　站在石板坡的山顶远眺长江对岸的南岸区，一片高高低低的现代化高楼和一个巨大的摩天轮将南岸打扮的分外妖娆，与长江北岸破破烂烂的石板坡吊脚楼群形成了鲜明的对比。在新旧两者之间，长江大桥如一道彩虹飞架南北，一头连着过去，一头接着未来，这就是当代重庆的缩影。

摩天商圈
二〇二四年二月
于上海陆家嘴上海中心

双城记

　　上海有两个，一个在浦西，是水平的、充满复杂性和多样性魅力的老上海，一个在浦东，是垂直的、干净整洁、高楼林立雄伟壮观的新上海，前者是雅各布斯心中充满人性的理想国，后者是柯布西耶眼里充满英雄主义的乌托邦。站在浦东上海中心600米的高空远眺，两个完全不同的上海被银链般的黄浦江自然地粘接在一起。相对于垂直发展高高的浦东，我更欣赏水平蔓延高低起伏的浦西，因为这里虽然离上帝更远，但离人却更近。

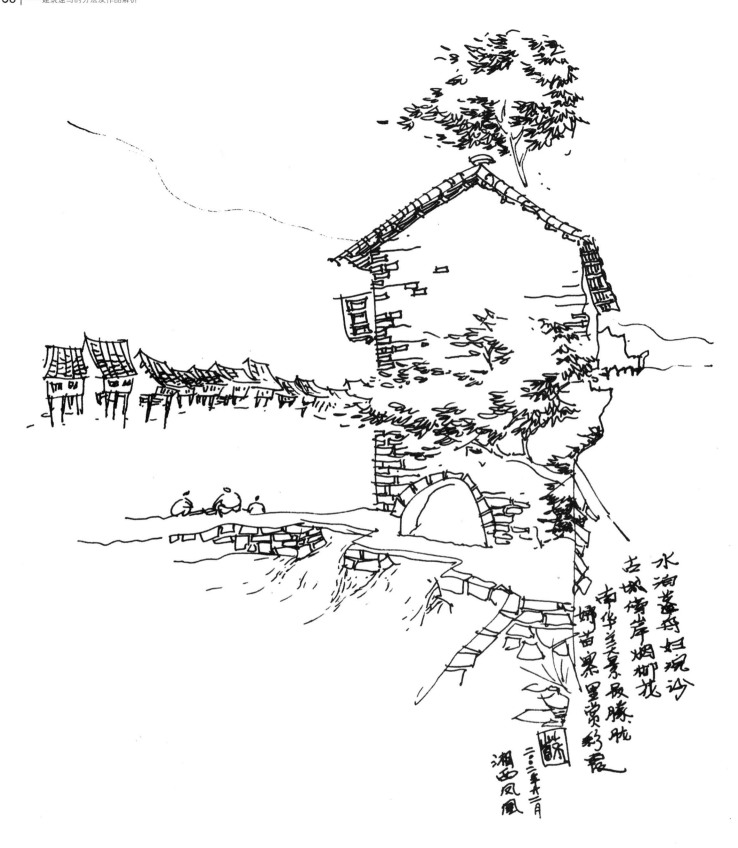

水洞莲母妇涣诊
古城傍岸烟柳拢
南华美景最滕眈
婷苗寨里赏彩霞

二〇一二年九月
湘西凤凰

山水沱江

沱江是古城凤凰的母亲河，她依着城墙缓缓流淌，河水清澈，水流悠游，柔波里摇曳的水草婀娜多姿，江边勤劳的浣纱女不时传来咯咯的笑声，沿江边而建的吊脚楼细脚伶仃的矗立在沱江里，与

远处油绿的南华山融为一体，就像一幅静止的山水长卷。谁能想象就在江边这片危楼般的吊脚楼里竟哺育出如沈从文、熊希龄、黄永玉这样的大师。这也许就是传说中的人杰地灵吧。

凤凰古城楼

沱江南岸的古城墙始建于清康熙年间，采用本地红砂条石筑砌，随江赋形，典雅而不失雄伟。城墙有东、北两座城楼，历经300多年岁月沧桑，依然壮观。北门古城楼，重檐歇山顶，青砖砌筑，对外一面墙上开枪眼两层，每层4个，能控制防御城门外一百八十度平面的范围。城楼外还有一半月形瓮城，瓮城外的圆形台阶从拱形城门直下到江边码头，更增强了古城的防御能力。

五台山南山寺

　　南山寺北距五台山台怀镇约2公里，是一座依山而建的山地寺庙，其规模之大在五台山首屈一指，而且悬于陡峭山坡，更增添了宏伟气势。南山寺整个建筑群由七层三大部分组成，下三层名为极乐寺，上三层叫做佑国寺，中间一层称作善德堂。站在佑国寺大雄宝殿前广场凭栏远望，清水河谷的风光，中台、北台、南台的雄姿尽收眼底。要画出这种大气魄，仅仅依靠画面大小是不行的，关键还是在如何组织画面，以小见大。因此，画面选择大雄宝殿和厢房的狭窄空隙作为前景，它与远处逶迤的群山形成了先抑后扬的对比效果。

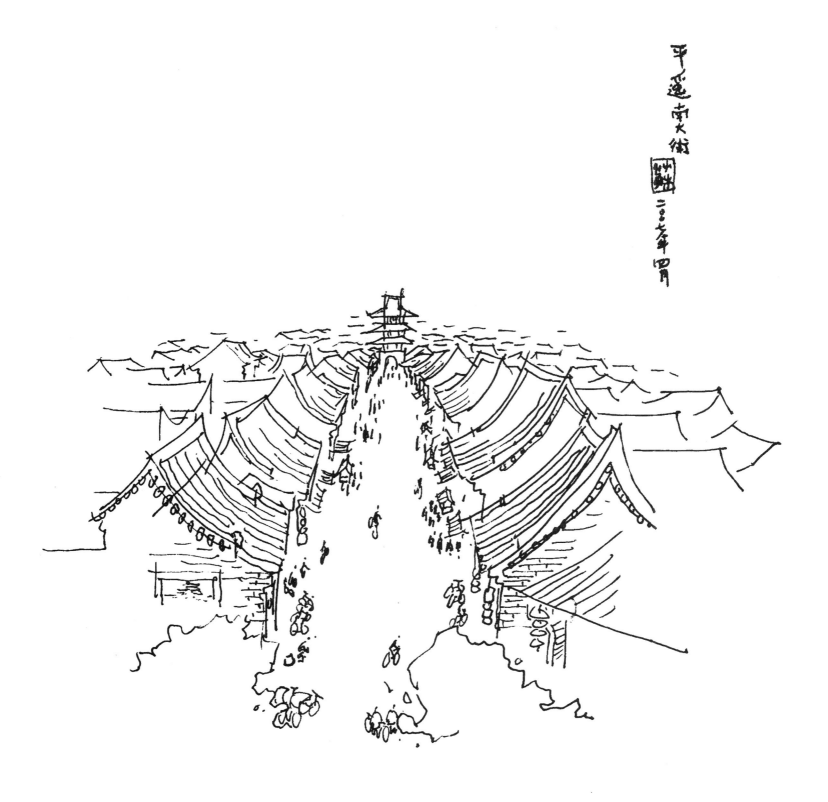

平遥南大街

　　平遥南大街又称明清街，是平遥古城对称式格局的中轴线，北起东、西大街街接处，南到迎薰门，以古市楼贯穿南北，是平遥古城在明清时期最繁华的商业中心，也是平遥古城历史文化遗产的精华之一。南大街整条街道保留着完整的传统格局和独特的历史风貌，街道两侧现存有大量百年以上、独具明清风格的"前店后寝"式传统老字号和古民居建筑，清朝时期南大街控制着全国百分之五十以上的金融机构，被誉为中国的"华尔街"。画面以市楼为中心，重点表达围合南大街的第一排建筑，形成了良好的空间层次。

芙蓉村外芙蓉峰

　　芙蓉村西南有座高山，三峰摩天，赤白相映，状若含苞待放之芙蓉，故取名为芙蓉峰，村中有一大水池，每天傍晚芙蓉峰便倒映水中，芙蓉村因此而得名。画面以绿树掩映粉墙黛瓦的芙蓉村为近景，状若芙蓉的芙蓉峰为远景，两者之间是大片留白，形成了深远的空间感，一条小溪从芙蓉峰下走来，绕村而过，悠悠然奔向远方，将画面延伸向无尽的时空。

芙蓉古村·石巷·水井育人英

三〇八年四月二十日永嘉芙蓉村

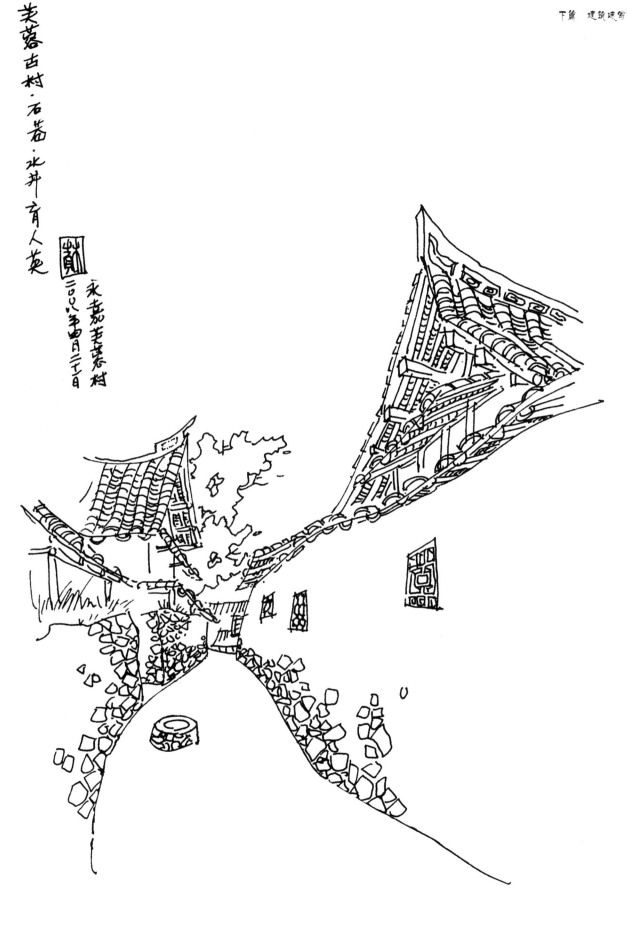

芙蓉小巷

　　走在永嘉芙蓉村弯弯曲曲的窄巷，脚底感受的是几百年来被先人们的足迹磨得圆润的卵石，信手触摸的是家家户户门前粗犷干砌的石墙，抬头看到的则是石墙之上几片出檐深远、高低错落的乌瓦粉墙，几棵浓绿竹树点缀其间，好一份山野村居的质朴与安详。画面以曲线表达路之柔美，以折线表达石头与建筑的粗粝与朴实，自然与人工就这么疏密有致的和谐在一起。

芙蓉村南石拱门
古树风亭待客人

二〇〇八年四月二十七日
温州永嘉芙蓉村

一门一树一谯亭

芙蓉村四面石墙围绕，共有七座寨门，南寨门是一座石券门，全部用原石砌筑，质朴厚重。寨墙下有水渠流过，水从西方来，量大且清，成为村妇们洗衣、洗菜的好地方，正对寨门的是一棵大樟树，树下有一座小巧玲珑的谯亭，亭内供奉着天官（尧）、地官（舜）、水官（禹）的神像，所以人们又称它为"三官亭"。亭虽小却设有宜

人的美人靠供人歇息，遇到刮风下雨之时，就成为洗衣的村妇和跟在身边的孩子们遮风避雨的胜地。画面中近景粗犷厚重的寨墙与中景高大挺拔的大树、轻盈小巧的谯亭形成强烈的对比，远方逶迤的芙蓉三崖则将他们融合在一起。

芙蓉峰下芙蓉亭
芙蓉亭中芙蓉人
芙蓉人治在画中
二〇八·四廿二日
永嘉苍芙蓉村

水映芙蓉峰与亭

　　如意街是芙蓉村的主街，东头连接东溪门，西头直对芙蓉峰，伸向村中心，全长 220 米。

　　如意街中段的南面，有一长方形的水池，叫芙蓉池，每到晴天的傍晚，芙蓉峰的倒影就会出现在水池中央，宛如一朵粉红色的芙蓉花，分外美丽。令人叫绝的是芙蓉池中的芙蓉亭，是一座两层楼阁式歇山顶的方亭，亭子飞檐翘角，空透玲珑，像是一朵盛开的芙蓉花，峰和亭的影子在芙蓉池里重叠，宛如一幅氤氲的水墨画。芙蓉池边，汲水浣纱的妇女，一边劳动，一边不时发出咯咯的笑声，芙蓉亭里的老人们则时而低低絮语着传说轶闻、农事年景，时而默默相视，若有所思，他们都沉浸在这如画的人生中。

芙蓉村中古祠堂
堂前凋谢得复煌
二〇〇八年四月二十二日
永嘉芙蓉村

陈氏宗祠古戏台

　　芙蓉村为单一陈姓村落，陈氏大宗祠就是村里最主要的礼制建筑。其主体建筑为七开间，两进建筑，正厅左右为宽敞的廊间，与享堂正对着的是宗祠中最为精美的大戏台，它向院内凸出，三面开敞临空，戏台的屋顶为歇山顶，檐口高昂，翼角飞扬，便于观众于三个方向看戏。戏台木结构上还有雕成神仙人物的斜撑，覆莲式的垂花柱头，层层叠涩的藻井等细部，它们虽然因年久而破损，但透过细腻的刀工仍能想见昔日的辉煌。画面以戏台为主景，侧廊为两翼，通过简化两廊而突出了中心的戏台。

重重叠叠的屋顶
如跳跃的音符奏
出动人的建筑之歌

于楠溪芙蓉村

二〇〇八年四月二十三日

芙蓉村居

在芙蓉村内漫步，人随路转，一步一景，只见屋顶参差错落，白墙青瓦色调明快，兼以家家石砌矮墙，户户绿树成荫，使整个村落构成一种和谐的大美，粗狂中透着一份山野村居的娴静与安详。

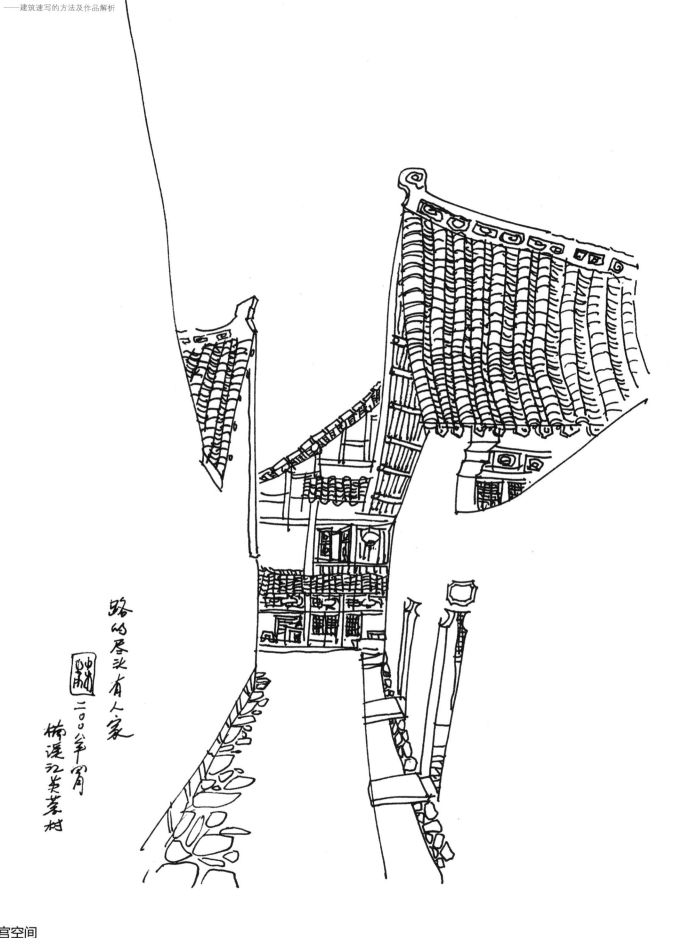

迷宫空间

　　芙蓉三峰脚下，有四条山溪潺潺东流。村民引水进寨，沿墙基、路道错落有致地挖掘了许多沟渠，临街过门，注入大小水斗之中，平时方便生活，战时可以灭火。村内道路从防御角度考虑，很少贯通，多为丁字形交叉，迂回曲折的道路、水渠构成了芙蓉村迷宫一般的活动空间。画面通过刻画入屋小桥和街道对景的建筑隐喻表达了这一独特的迷宫空间特征。

廊式公共空间
融交通交往商业休憩于
观景为一体是村落最有生活
气息之地 㽞
于楠溪苍坡　二〇〇八年四月二雨月

丽水长廊

　　温州永嘉岩头村东缘的丽水湖堤上，建有一条 300 米长的濒湖长廊，廊宽约 2 米，卵石铺地，廊内沿湖一侧设美人靠，面湖一侧建有 90 多间两层店铺，人在长廊中既有湖光山色可观，又有美味佳肴可餐，舒适方便，宜行宜留，自清代以来，长廊成了担盐客的必经之路，来往者众，逐渐就发展成为一条独具特色的滨水商业街。画面以竖构图表现廊之高敞，并抓住长廊内卵石铺地，美人靠和店铺细节重点刻画，再现了丽水长廊独特的空间特征。

溪畔人家

岩头村以科学的水利设施和巧妙的村庄布局而闻名。全村坐西朝东，背山面水，从村外引溪水入村，每座民居前都绕以流泉，取水洗衣做饭防火十分方便。

炊烟袅袅

　　黄昏的岩头村，一切笼罩在暖暖的夕阳中，安静祥和，一处民宅的炊烟袅袅升起，又在阳光中逐渐消散，一切都那么慢，一切都那么暖，我不禁想这不正是陶渊明描绘的归田园居吗？

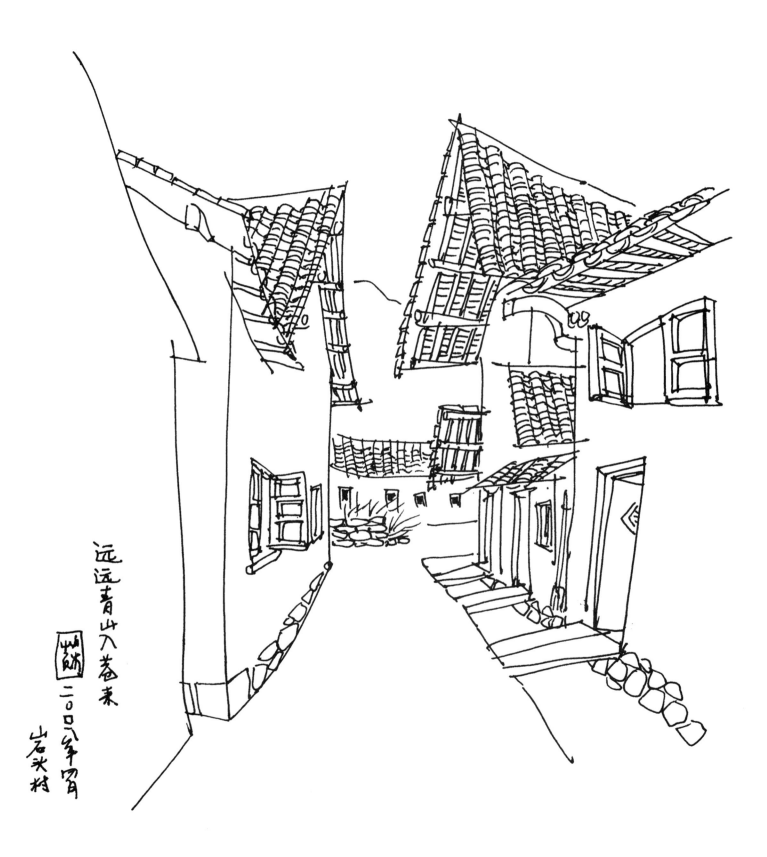

远远青山入巷来
二○○六年窗
山岩头村

远远青山入眼来

岩头村因处芙蓉三岩之首而得名，村庄背山面水，以山为景，人在村中漫步，几步之遥，远远的青山就会奔入眼帘。

街随
水行
无尽处

街随水行无尽处

岩头村以水闻名，全村共有 50 多个人工湖池，主要道路都有水渠相通，家家户户临水而居，人在街中走，犹在水中行，水转则街转，步行则景异，充满了变化的乐趣。

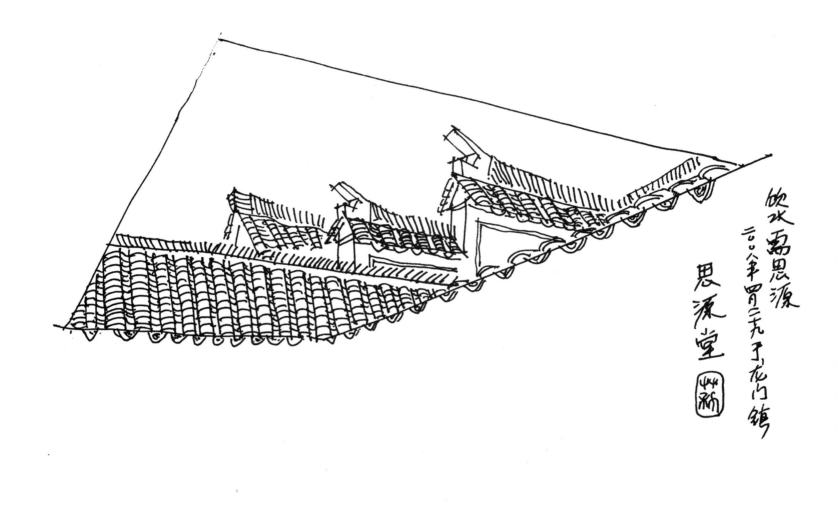

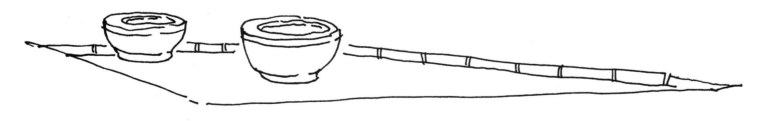

孙权故里思源堂

　　思源堂是龙门镇里最古老的两座祠堂之一，是孙权第 27 代孙治所建，建筑两进三开间，中间为天井，在天井中间有两口大缸，整个空间简洁明了，建筑风格质朴大方，无雕饰无油漆，将视觉自然地引向最明亮的天空，黑白强烈的反差，眼中只剩下矩形的天空和矩形院中的两口圆形大缸。画面抓住这一独特的空间特征而滤去其他细节，天地间独往来。

龙门街上茶飘香 二〇〇八年四月 龙门镇

一茶一座

午后龙门古镇内的一条老街，宁静安详，空无一人，唯留路边一张板凳、一把茶壶在再诉说着这里悠闲自在的田园生活。

龙门古镇承恩堂

"承恩堂"位于龙门老街上，又叫"工部"、"冬官第"，是为纪念孙权第 41 世孙明朝永乐初年工部清水吏司主事孙坤所建，明朝工部又称冬官，故牌楼上有"工部""冬官第"等字样。

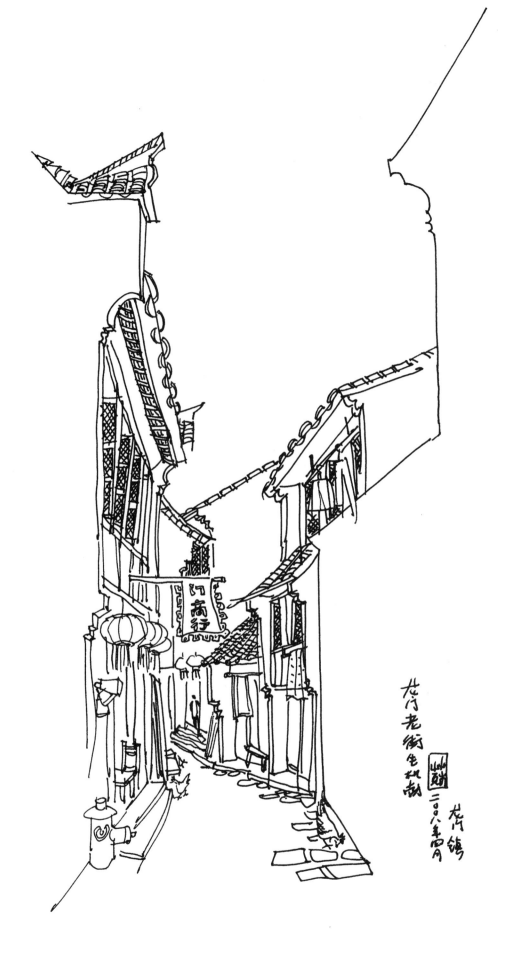

老街乡情浓

　　浙江富阳龙门古镇是三国东吴大帝孙权后裔的聚居地，距今已逾千年。镇内卵石铺成的狭弄长巷密如蛛网，墙檐相连，房廊纵横，初入者如坠迷宫，东西莫辩。镇内最繁华热闹的街道是老街。长三里，宽三米的街市商贾云集、店铺林立。作为小镇唯一的商品交换场所，老街给静谧、内敛的古镇增添了别样的风采。画面采用竖幅构图，突出街道之高狭，重点刻画了街巷界面里的各种窗户、店招、灯笼、座椅等细节，渲染了街道繁华的生活氛围。

庭院深深几许
二〇〇五年四月三十日
临安龙门镇

别有洞天

深巷的尽端，幽居之所，却是别有洞天，透过层层的庭院，上演的是老百姓柴米油盐，酸甜苦辣的日常生活，平凡中却有滋有味。

墙为画布石为笔

　　苏州博物馆山水园位于入口大厅北侧，由铺满鹅卵石的池塘、片石假山、直曲小桥、八角凉亭、竹林等组成，隔北墙与拙政园之补园相接，水景始于北墙西北角，仿佛由拙政园西引水而出；北墙之下为独创的片石假山。这种"藉以壁为纸，以石为绘"，别具一格的山水景观，呈现出清晰的轮廓和剪影效果。使人看起来仿佛与旁边的拙政园相连，新旧园景笔断意连，巧妙地融为了一体。

残缺的伟大
罗马斗兽场
sujing 2009.6

罗马斗兽场

　　夕阳西下，残阳如血，残破的罗马斗兽场犹如受伤的角斗士巍然耸立，让人肃然起敬。

　　这座代表着古罗马帝国和罗马城形象的建筑位于罗马市中心威尼斯广场的东南面，平面呈椭圆形，占地约 2 万平方米，外围墙高达 57 米，相当于现代 19 层楼房的高度。该建筑为 4 层结构，下面 3 层分别有 80 个圆拱，其柱形按照多立克式、爱奥尼式和科林斯式的标准顺序排列，第 4 层则以小窗和壁柱装饰，这样的形式处理使这个庞然大物既统一又丰富，既有气势又有细节，远观近看皆相宜。画面抓住斗兽场立面层次分明的特点，细节从外到内由多到少，由繁到简，阴影也从近到远由深到浅，从而突出了形式的层次性。

法兰克福旧市政厅
suyong 2009.5

法兰克福市政厅广场

在法兰克福旧城的中心有一个让人流连忘返的市政厅广场，这里曾是神圣罗马帝国皇帝举行加冕典礼的地方。广场最让人印象深刻的是它中央位置的三幢精美的连体哥特式楼房，其阶梯状的人字形屋顶，红白相间的墙面，精雕细作的窗户与阳台，都让它鹤立于周边同样古老的建筑，正中一幢人们叫他雷玛，雷玛的二层有一个皇帝大厅，因此市政厅广场也叫雷玛广场。这里虽然曾遭受数百年战火的摧残，但如今按照修旧如旧的原则整修后已基本恢复了原貌，成为了法兰克福的一个象征。画面抓住广场的这一鲜明特点，将哥特式楼房作为画面的中景，从屋顶到装饰仔细刻画细节，而近景的建筑和远景的建筑则相对简化，从而突出了广场的空间感。

西递寻常巷陌

　　西递村中有一条主道贯穿东西，其两侧是与之垂直的高墙深巷，它们共同构成了西递密如蛛网的道路系统，人在其中如置身迷宫。画面采用竖构图，省略一些细节，以突出其高狭。

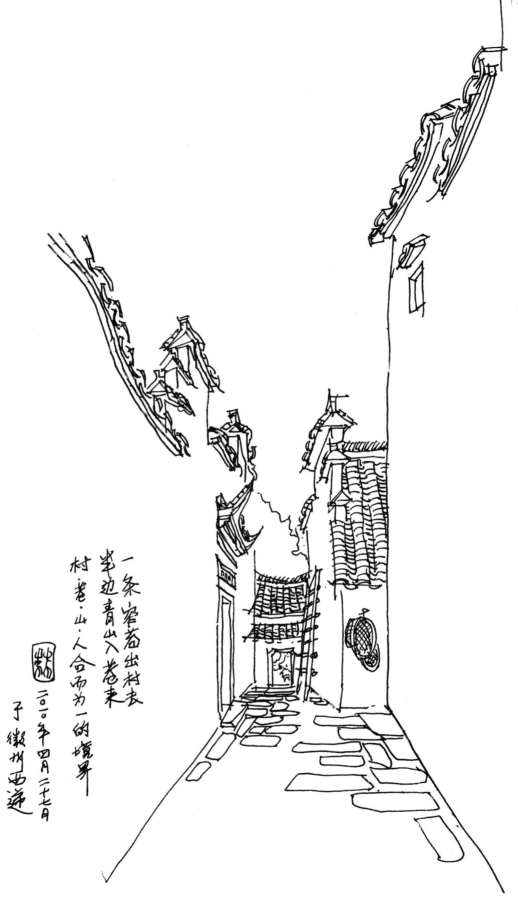

一条窄巷出村表
半边青山入巷来
村·巷·山·人合而为一的境界
二○一○年四月二十七日
于徽州西递

半边青山入巷来

西递青山环绕，三溪穿村，素有"桃花源里人家"之称，人在村中漫步，村内建筑时断时续，村外青山时隐时现，犹在画中游。画面采用竖构图，用一点透视，将视线引向巷外的青山，强化了村与山和谐相处的主题。

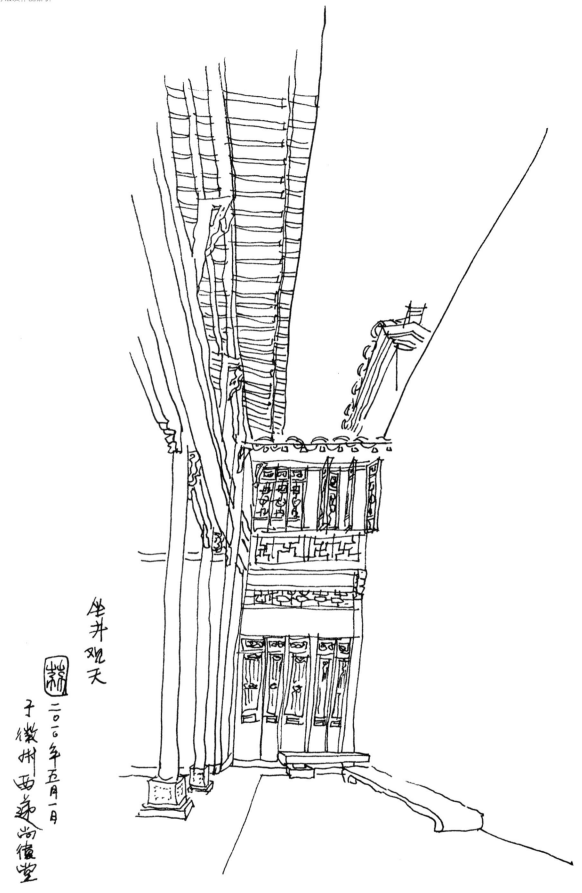

坐井观天

图

二〇一〇年五月一日

于徽州西递尚德堂

坐井观天

　　尚德堂是西递现存最古老的明代民居，西邻前边溪，南邻敬爱堂，以精美木雕和洗练实用的空间闻名。从北侧入口进来就是高狭的天井，给建筑带来神奇的左暗右明的光影效果，天井中放置花草

石桌，石桌下有青石板，青石板下是专用的排水沟。正端详间，天空突然开始下雨，于是心安理得坐在堂前看雨翠珠帘，听雨打花草，真是诗一样的意境。画面左繁右简形成愉悦的对比。

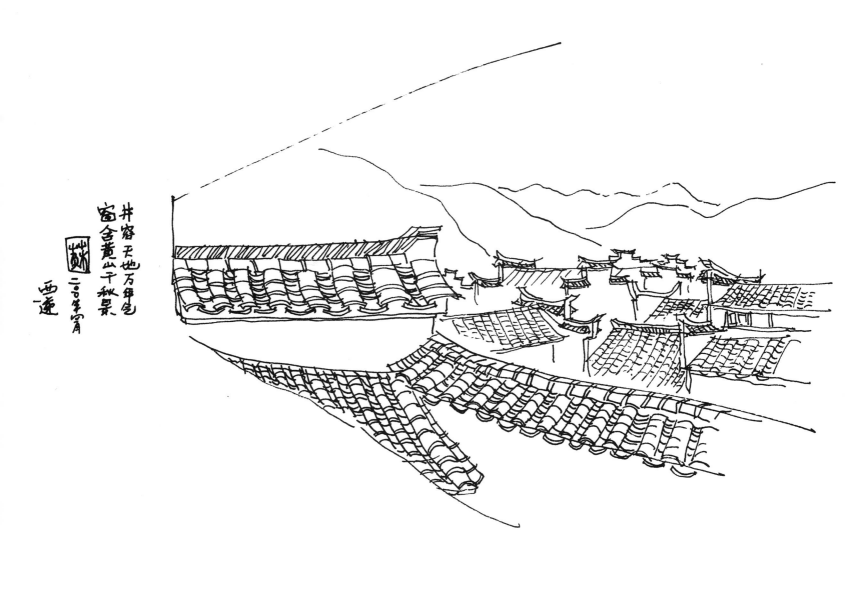

窗含黄山千秋景

　　爬上西递一处老宅的阁楼向外眺望，一种从狭转阔的愉悦油然而生，只见层层叠叠的马头墙头尾相连向远方奔去，最终消失在如黛的远山之中。画面以廊为框，建筑为主景，远山为背景成就了一幅水墨山水画。

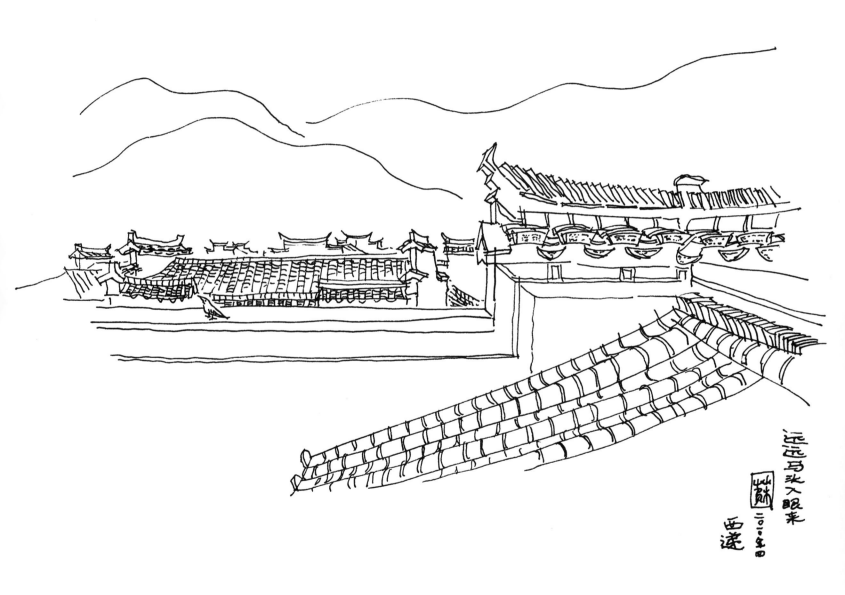

远远马头入眼来
二〇一〇年四
西递

马头墙上

从马头墙上向外看，近处的白墙与中景的瓦屋顶以及远景的青山形成了一种强烈的肌理对比。画面通过主景与前景、背景的虚实变化表达了空间的层次感。

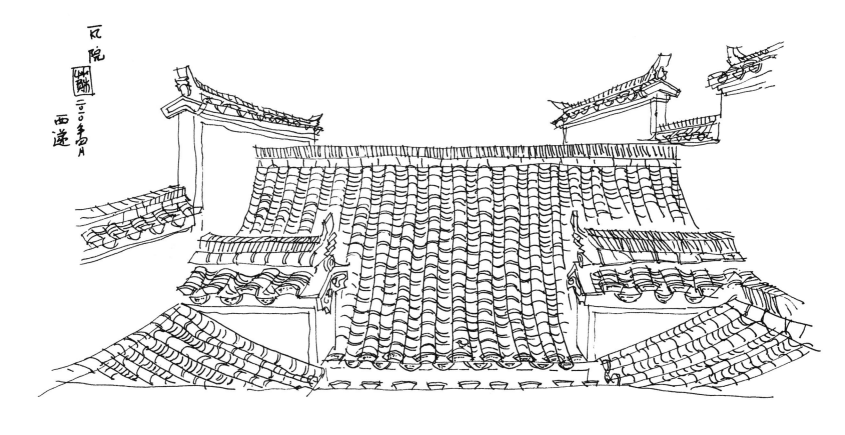

黑与白

  西递民居的美首先在于对比的美，白与黑，粗与细，直与折就这么粘合在一起，而这一强对比只有当你登上屋顶时才会真正感受到。画面通过大片的黑瓦与小片的白墙之间的色彩、肌理对比强化了这种感受。

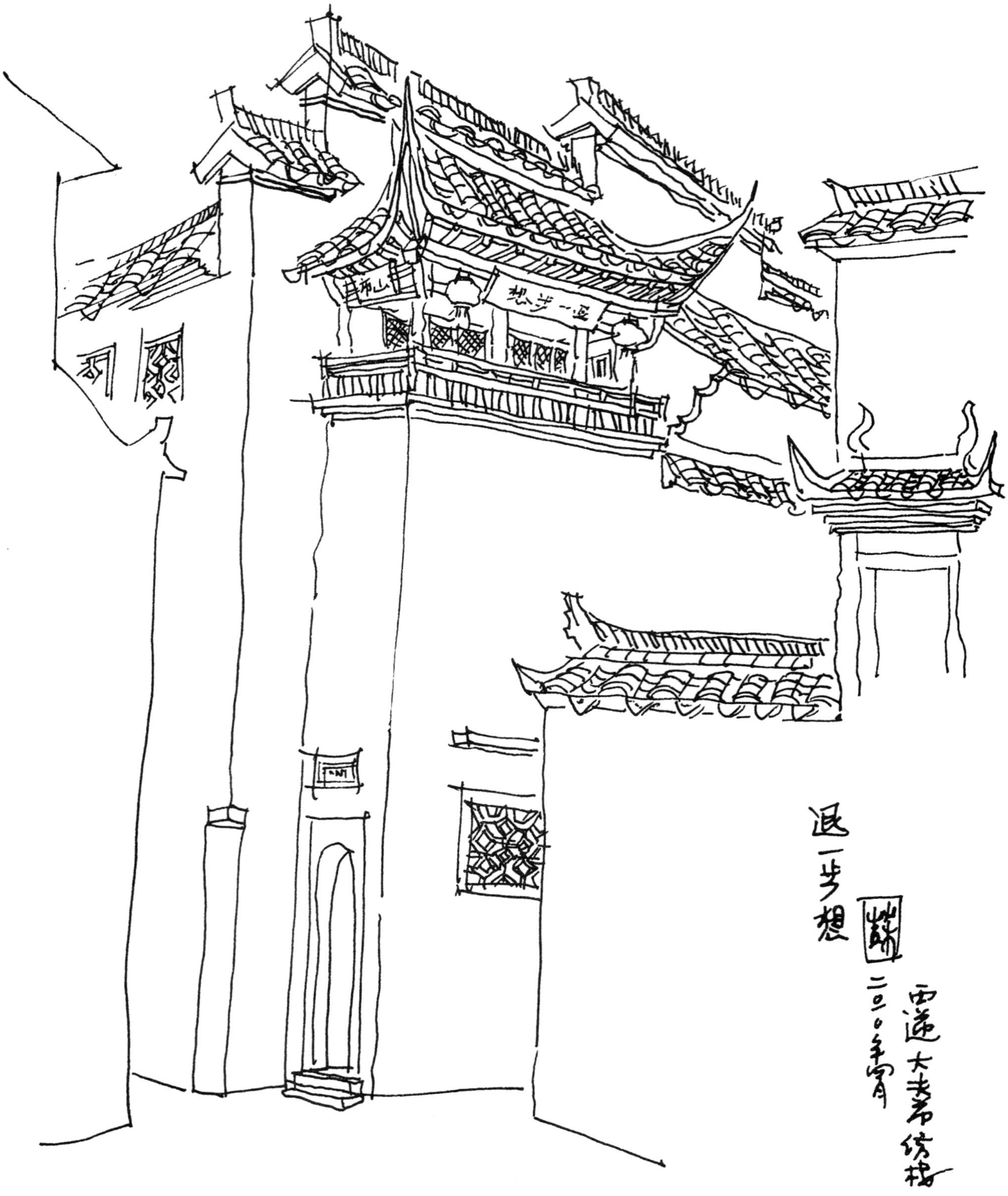

作退一步想

绣楼是大夫第主人利用正屋旁侧隙地，建起的一座临街阁楼。建筑上部玲珑典雅的飞檐翘角与建筑下部简洁的大片白墙形成了鲜明的对比。而且绣楼比旁边正屋墙体缩进一大步，与主人自书石刻门额"作退一步想"形成了一种有趣的呼应，这种建筑处理与人生哲理的映照耐人寻味，果真是"进也风流，退也潇洒"。画面采用两侧大片留白的方式突出了中心的绣楼。

大夫第前有绣楼
退一步想天地宽
二○一○年宵

西远

犹抱琵琶半遮面

　　从追慕堂去往敬爱堂的横路街上，有一个近似矩形的广场，广场的南侧是高耸的民居，而东侧就是大夫第旁的绣楼，不知是不是刻意的设计还是纯属巧合，绣楼一出场就那么犹抱琵琶半遮面地站立在那里，犹如含着待嫁的少女，真是楼如其名、名符其实。画面采用一点透视，视线的焦点就是绣楼，广场的石块铺地从近景延伸到远景将整个画面统一为一体。

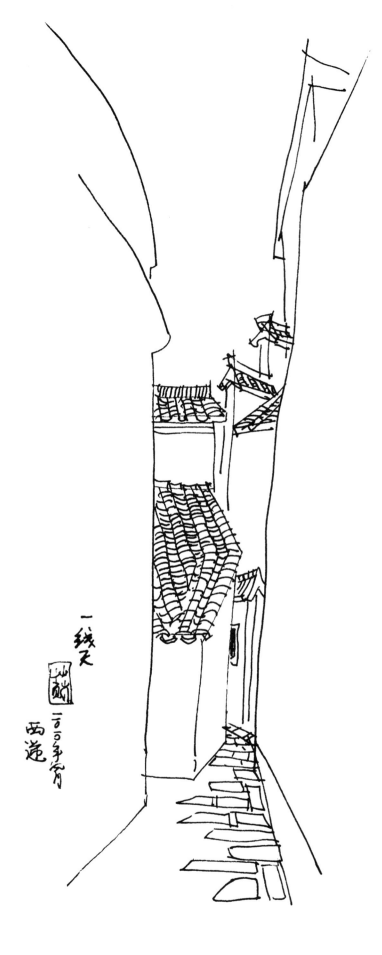

一线天

从绣楼去往东园的小巷，既高且狭，仰望天空犹如一线。画面采用竖构图，两侧以直线收住，突出了小巷的狭长，作为中景的瓦屋顶细致刻画，与前景的白墙形成了愉悦的疏密对比。

青青南湖映画桥

　　南湖位于宏村南缘，湖如弓形，波平如镜，蓝天白云、如黛远山，湖堤之上苍翠欲滴的参天古树，湖中如线的画桥都跌落湖中，共同绘成了梦幻般的另一个世界。

月沼李宅静巷

二〇一〇年四月
宏村

闹中静巷

月沼是宏村的中心，这里每天游客如织、人来人往、摩肩接踵、熙熙攘攘，对于生活在这里的村民而言真不知是欢喜还是悲哀，在旅游大潮的冲击下月沼曾经的宁静之美消失了，然而在月沼旁一墙之隔的窄巷里依然存在着久违的宁静，这里是村民乡愁最后的守望。

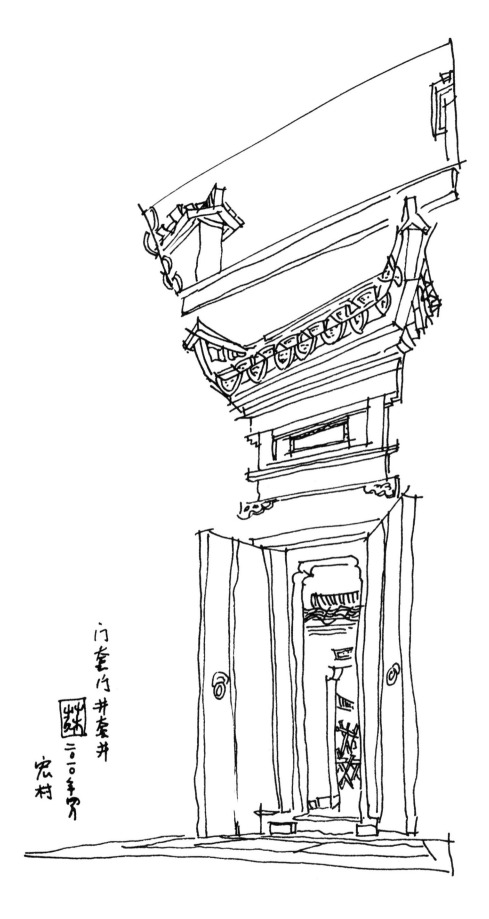

门套门 井套井
二○一○年写
宏村

庭院深深几许

　　天井是徽州人生活中的魂，人们在这里晨沐朝霞、夜观星斗，在这里饱读诗书、胸怀天下，在这里谈婚论嫁、繁衍子孙。随着岁月的流逝，天井就这样一进一进地不停套建着，最终形成了"三十六个天井，七十二个槛窗"的豪门深宅，透过天井我们眼中看到的不仅是"庭院深深几许"，还有那庭院中曾经上演的无数"剪不断，理还乱"的爱恨情仇、悲欢离合。画面以天井为前景，除门以外不做处理，通过门套门井套井，突出表达了空间的深远。

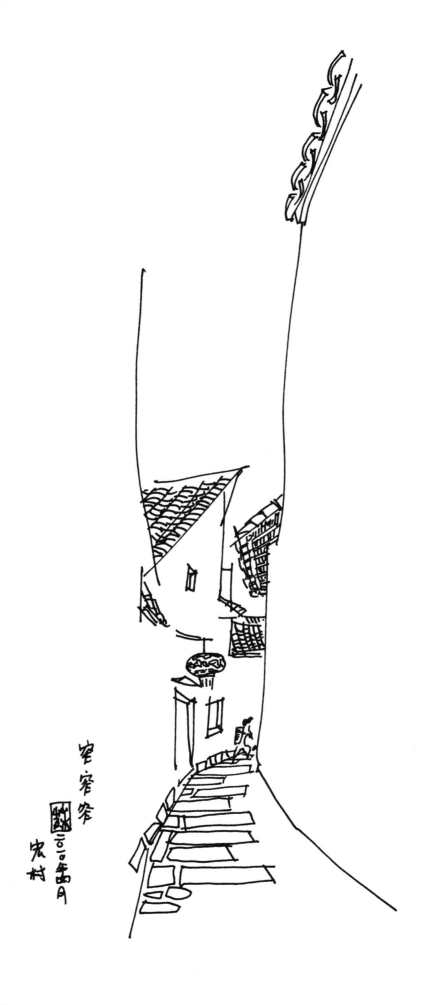

高高的墙窄窄的巷

　　走在宏村的一条小巷，宽仅 1 米，高约 10 米，两人相对需侧身而过，仰望犹如一线天，有高山峡谷之感。画面采用竖构图，重点刻画巷之屋顶和地面，墙身留白，拉伸了垂直空间，突出了巷的高与狭。

走不完的路
抓不尽的檐

宏村
二〇〇三年四月

巷深不知归处

宏村的街巷四通八达、密如蛛网，随水系而不断变向，让人逐渐迷失方向。我站在巷的中间向前方眺望，只见一条窄巷伴随着跳跃的马头墙逶迤而去，不知归处。画面用复杂的散点透视将视线导向巷的尽头，尽头之后是什么？它也把我们的思绪带向了那看不见尽头的远方。

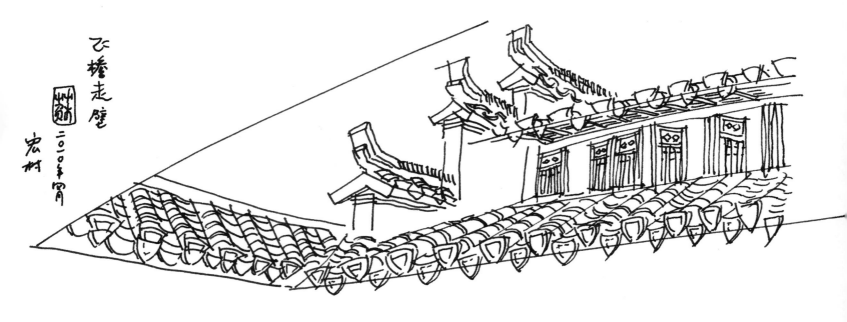

飞檐走壁

　　坐在宏村德义堂入口的小亭子里抬头仰望，矩形的天空中的马头墙好像飞檐走壁般从远处奔来，屋檐上细腻的青瓦与蓝蓝的天空形成愉悦的对比。画面以院子屋檐为框，以瓦为笔绘成了一幅天空中的画。

西递主街

西递位于安徽省黟县东南部，原名西川，乃取村中三条溪水自东向西流之意；又因古有递送邮件的"铺递所"，故改名西递。村中以一条东西走向的街道和两条沿溪的道路为主要骨架，结合南北延伸的小巷构成了整个村落的街巷系统。古人规划村落讲究顺应自然，天人合一，所以西递的街道也顺应溪流而曲曲折折、忽宽忽窄，人在其中，变化无穷。

桃花源里人家

　　西递入口位于胡文光牌坊广场东北角，穿过一个白墙上的拱形门，空间从宽变窄仿佛突然进入了陶渊明为我们描述的另一个世界——"桃花源里人家"，村子入口是一个三角形的广场，广场的尽头是一个开着八角形大门的西川酒家，其门洞开，好像张开手臂的

主人在热情地"笑问客从何处来"。画面通过对酒店店招、室内装饰等细节地刻画，突出了视线尽头作为主景的西川酒家，而两侧商店则对细节做简略表达以烘托气氛。

敬爱堂

　　中国古代乡村社会的道德维系依靠儒家思想的宗族观念，各种祠堂，相当于儒教的"教堂"，凡有村庄必有宗族，凡有宗族必有祠堂。据说西递原有34座祠堂，现在西递仍有三座祠堂保存完好。敬爱堂就是其中保存最为完好的一座。

　　敬爱堂是西递村最大的胡氏宗祠，位于大夫第之东，门口有一小型广场，前边溪缭绕而过，面积达1800平方米。敬爱堂大门重檐歇山、飞檐翘角，气势恢宏。画面以敬爱堂大门为主景，采用仰视视点突出其雄壮，由于屋檐造型复杂，采用成角透视，以控制其透视关系。

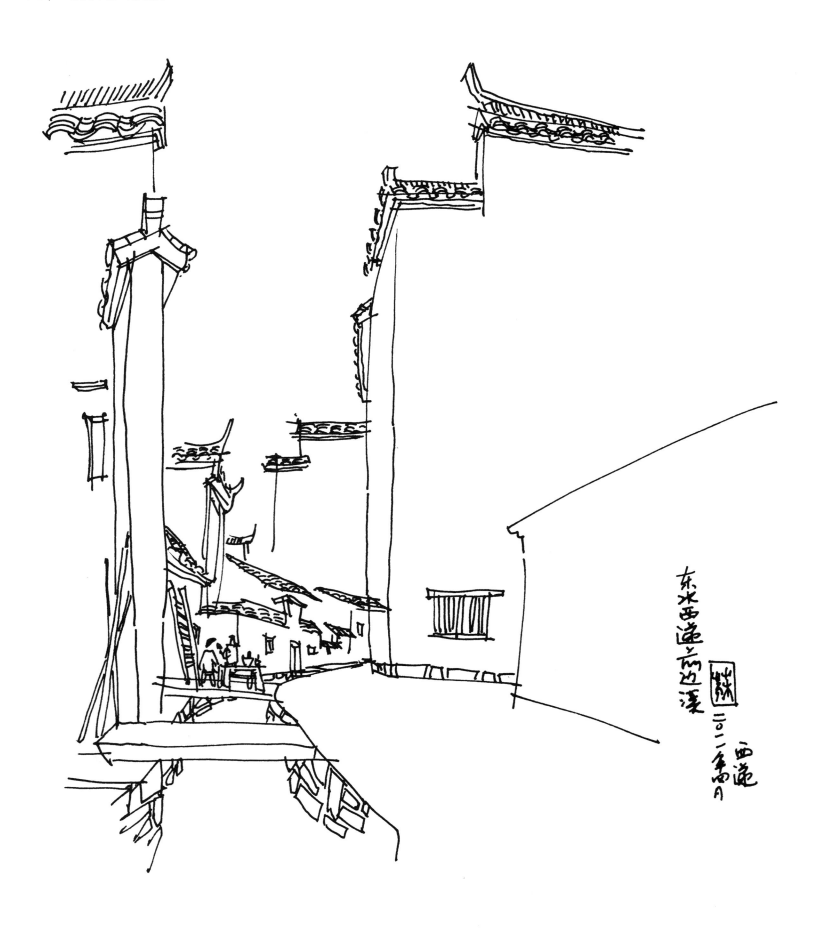

东水西递之前边溪
二〇二一年四月 西递

溪上人家

前边溪是流经西递村内的主溪，座座石桥跨于溪上，成为家与村的纽带，人们在桥上生活，而水在桥下流淌，好一幅"小桥流水人家"。画面以溪为脉，串起了溪边人家，以桥为景，刻画了桥上生活。

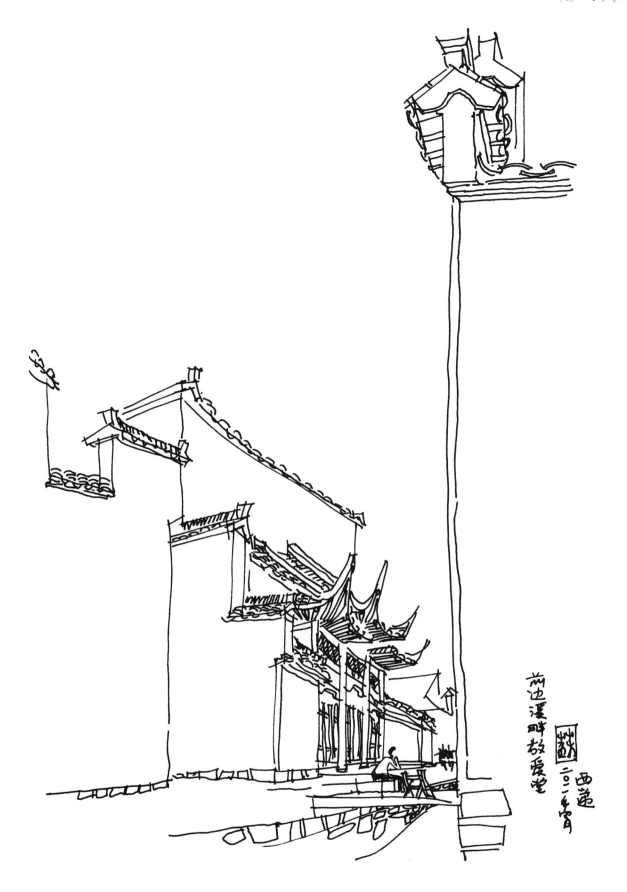

前边溪畔敬爱堂

　　夕阳西下，敬爱堂披上了温暖的衣裳，前边溪染上了金黄，游客已散去，只剩下悠闲的人在桥上沐浴着阳光，此时的西递才是人间的天堂。
画面左侧的敬爱堂作为主景仔细刻画，右侧以简洁高大的马头墙作为收束，左繁右简，前高后低，活跃了构图，拉开了空间感。

滨水而居

　　西递村因水而名，凭水而兴，西递人滨水而生，逐水而居，水与桥成为西递人生命中不可或缺的基因。画面刻画了溪上石桥的座椅板凳、茶壶鸟笼等生活细节，而对溪水不着一墨，因为观念存在的水更任人遐想。

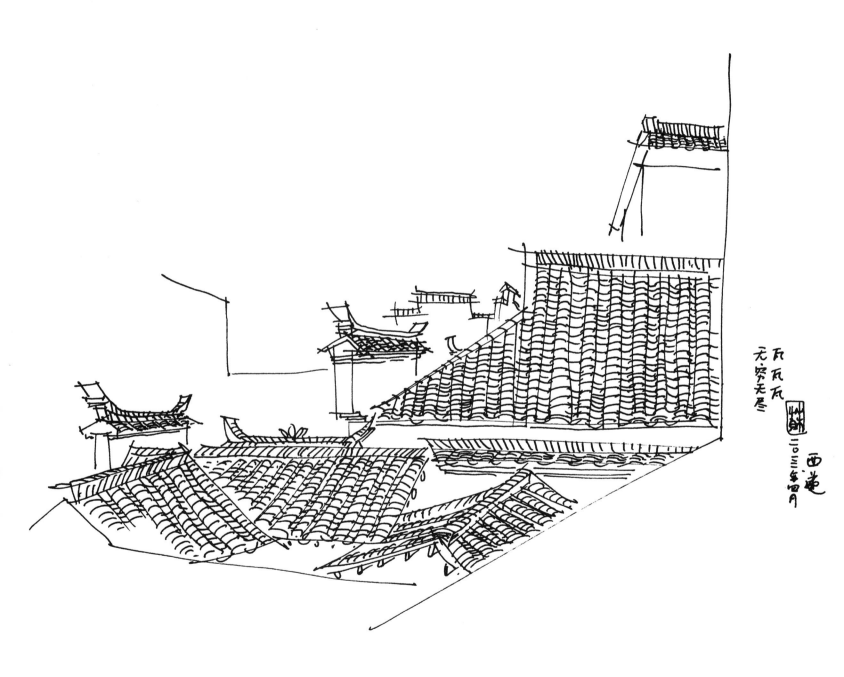

黑白世界

　　站在西溪客栈的露台上眺望西递，一个黑白的世界就这么扑面而来，黑的是瓦，白的是墙，黑的纯粹，白的单纯，都说环境能育人，在如此纯粹的世界里生活的人们能不单纯和朴实吗？画面取俯视，运用中国画论中的"疏可跑马，密不透风"的原理，采用三角形构图，将大片瓦屋顶满铺在画面右下角，与左上角的大片留白形成了强烈的肌理对比。

繁华背后是寂寞

　　与大夫第前的喧嚣热闹相比，我更喜欢大夫第后的小巷，宁静安详，徐步前行中仰望如线的天空，好像这属于另一个世界。人们说繁华背后是寂寞，那寂寞后面是什么呢？我想就是内心的宁静，无论生命曾经如何辉煌，最终还是要归于尘土、归于平静。画面采用竖构图，一点透视，两侧建筑用直线收住，突出了小巷的狭长，主景就在两线之间，视线的焦点处一个孤独的画者衬出了小巷的宁静，画面左右建筑处理有疏密之分，打破了构图的对称感。

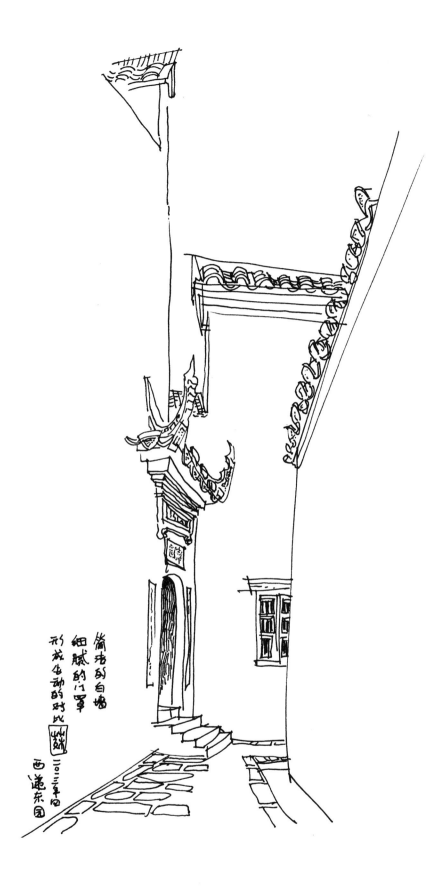

寒窗苦读在东园

东园为清朝河南开封知府胡文照幼时寒窗苦读的地方，该园最令人印象的地方就在从外而内的设计处处皆有寓意，发人深省。与其他民居不同，其入口门罩上方增开了一个扇形石窗，取学习首先在向"善"之意；入口左墙上还嵌砌着"叶"形漏窗，寓意读书人无论走到何处都不要忘本，最终还是要叶落归根之志；其厅堂仅十个足掌的宽度，寓意十年寒窗。厅堂西厢门镶嵌着"冰裂图"，寓意冰冻三尺非一日之寒，而对面的东厢门镶嵌着"五蝠图"，"蝠"是福的谐音，古人以"蝠"象征幸福。这两厢正对着的房门寓意着只有苦心研读、经历十年寒窗苦，才能苦尽甘来、收获幸福。这些独特的设计体现了一个父亲望儿成才的良苦用心。我不禁感叹，古人对读书尚能如此认识，何况我们今人呢？画面以东园入口为主景，以侧视角度描绘其在巷之尽头的宁静感。

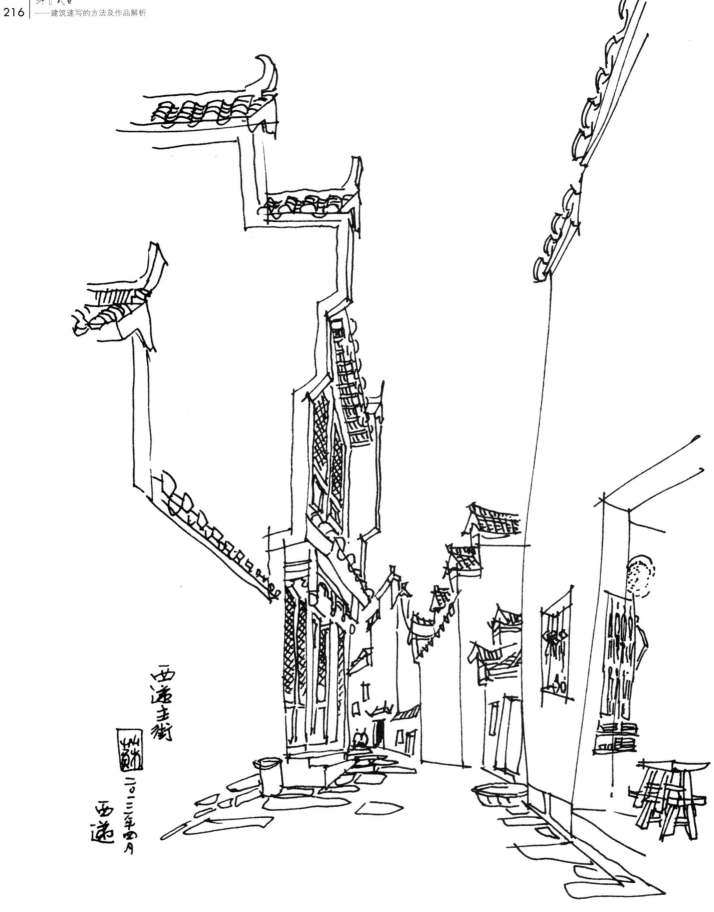

西递主街

二〇一三年四月

西递

时光隧道

　　大路街是西递的主街，其实也就是一条曲曲折折、时宽时窄的巷子，路上满铺着黟县著名的青石，路两旁是密密仄仄的古宅老院，此一门，彼一户，门罩飞檐，户墙起伏，旧壁斑驳，漏窗玲珑。每

一户都有一个故事，行进其间，犹如坠入九百余年历史的时光隧道，牵引视线消失于远处的拐弯。画面深入刻画了路旁老宅的细节和街的曲折，突出表达了街道的故事性。

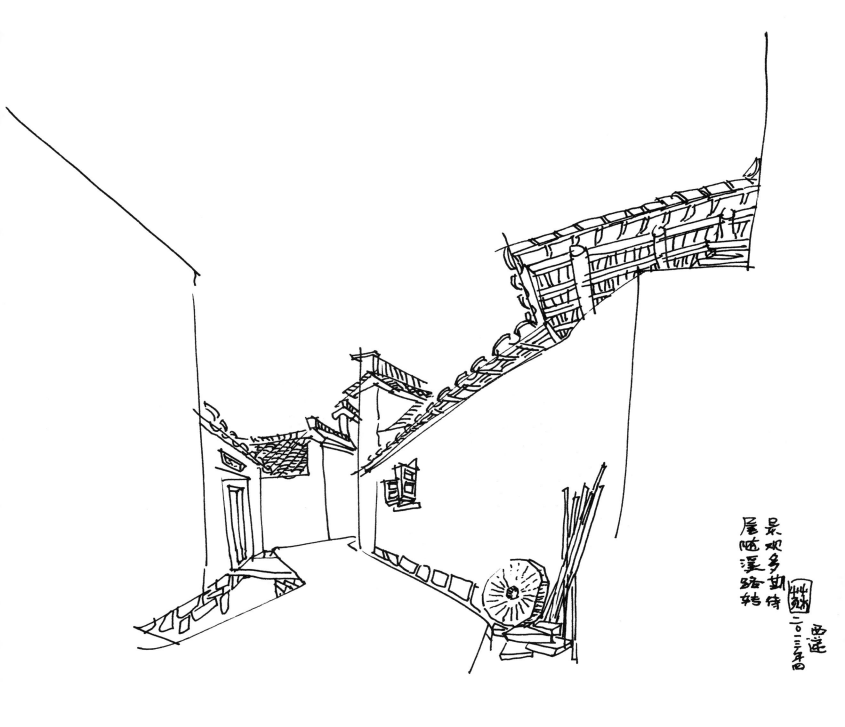

景观多期待
屋陋溪路转

西递

曲巷迷入时光老

　　独自一人到西递的深处，去迷路去发现，一片石磨，一座小桥，一处废园，一位老人，一次偶遇，皆成风景。与热闹的主街相比我更喜欢这些不知名的小巷，因为喧嚣之外的宁静才是心灵的归宿。

人在旅途
何处归止

二〇二三年四月

西递归止园

独上高楼，何处归止

归至园是西递村一个普通的小院，深藏在一条小巷的尽头。年代虽不久远，但在主人独具匠心的打理下却别有一番风韵。与大多数西递宅院不同，主人在园内一隅建有一座高楼，闲暇时客人独上高楼，望尽天涯路，难免会发出人在旅途，何处归止的感叹来。

我想或许归止园名就是这么来的吧。画面采用三角形构图，高楼独占画面左上角，右下角为大片留白，只留三处小窗提示这是墙面，一疏一密间突出了高楼独上的意境。

追慕堂前

　　追慕堂为胡氏宗祠，就在大路街的中段。其名寓含后人追思慕恋先祖业绩之意。其大门为八字形大门楼，屋顶为重檐歇山、飞檐翘角，蔚为壮观。檐下三元门外设有木栏，庄严肃穆。八字墙用整块打磨光滑的黟县大理石制成，风格独特，极为精美。画面重点刻画了门楼的屋顶、大门和八字墙，其余环境简略处理，以疏衬密突出了追慕堂的特点。

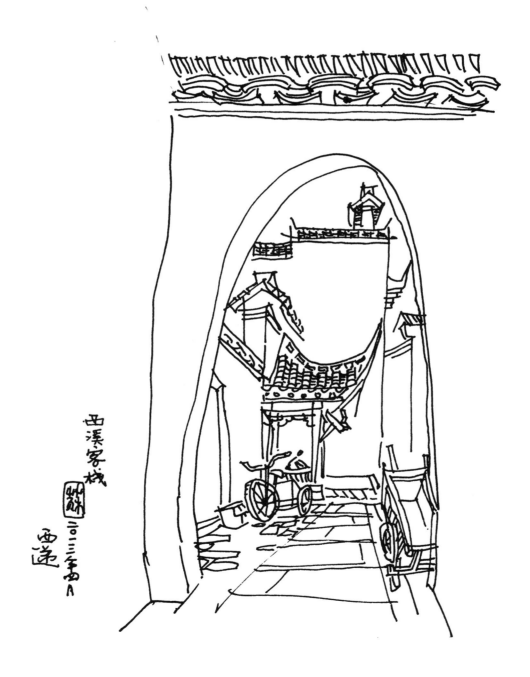

门含溪边迎客亭

　　西溪客栈东临敬爱堂，店外数米就是前边溪，我不经意间从西溪客栈的小月门向外一望，竟成一幅美丽的画卷。此处以门为画框，以溪边的迎客亭为主景，马头墙为背景共同营造出"门含溪边迎客亭"的意境。

前边溪畔路回转
二〇一三年宵
西递

溪边人家

　　水为风水要素，古人云"风水之法，得水为上"。西递村中二条溪流，从东向西如玉带般贯穿全村，这导致村中住宅大多临水而建。从风水角度考虑，为避冲煞，这些临水住宅的大门大多与水流平行，避免正对溪流，形成了独特的斜门景观。画面以斜门为主景，详细刻画了门罩、大门和跨于溪上的石桥，其他建筑寥寥数笔，以突出主题，s 形的小溪活跃了画面，将溪水两侧的建筑联系起来的同时，又把我们的视线和思绪引向远方。

刺史牌坊

　　西递村口的小广场上巍然屹立着一座古牌坊，是明神宗皇帝为表彰胶州刺史胡文光的政绩而敕建。该牌坊为三间四柱五楼石雕牌坊，通体用优质的黟县青石建造，楼顶为歇山型制，檐下斗拱。整个牌坊高12.3米，宽9.95米。牌坊东西两面横额上书"荆藩首相"、"胶州刺史"，字体苍劲端庄。牌楼上还雕刻有游龙、麒麟、孔雀、仙鹤和张果老、何仙姑等八仙图，牌坊中间两侧石柱上前后共雕有16只大大小小的石狮，给牌楼增添了几分威严。画面采用漏景的表现方法，表现复杂的空间关系，牌坊作为前景刻画细致，中景的建筑和远景的山脉简约处理，拉开了画面的空间感。

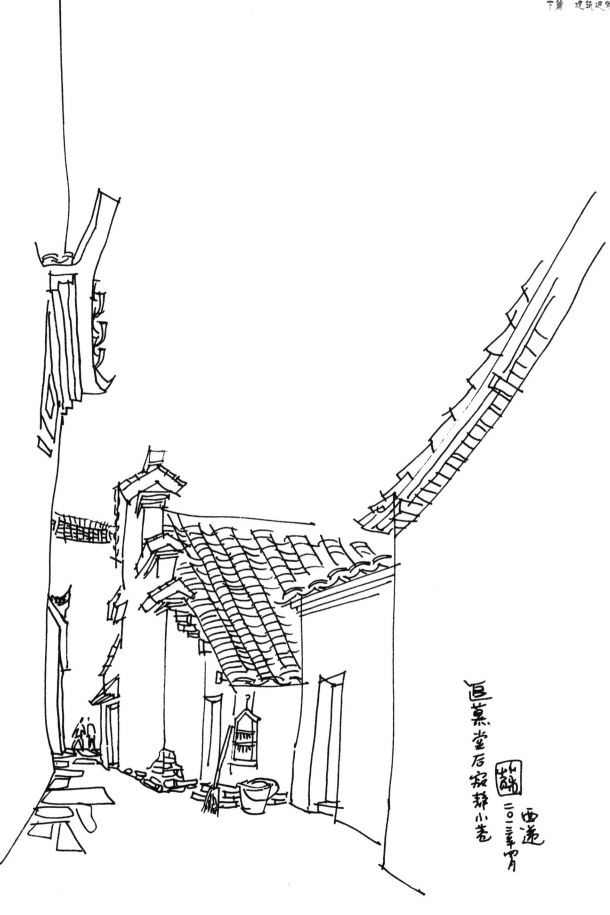

真实的西递

　　追慕堂旁有一条仅能容一人通行的窄巷，人入其中，犹如进入了一条幽暗的时空隧道，穿过隧道的尽头，就突然堕入了一个寂静的世界，没有了喧嚣，一切归于平静，其实这里才是真实的西递。

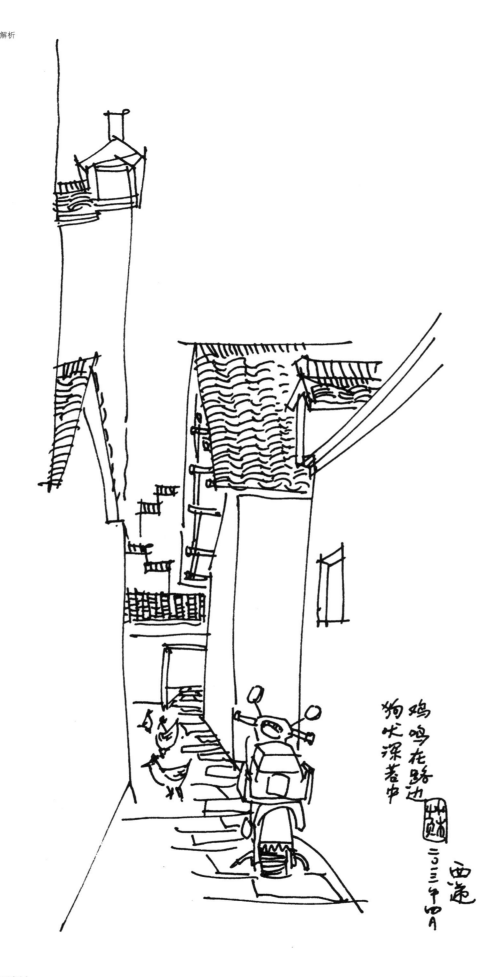

鸡鸣在路边
狗吠深巷中

西递
二〇一三年四月

狗吠深巷中，鸡鸣在路边

　　远离熙熙攘攘的西递主街，我迷失在纵横交错的小巷中，信步由缰，不知去往何方，突然前方某处传来阵阵狗吠鸡鸣，于是循声而往，一个自在生活的小巷就展现在眼前。

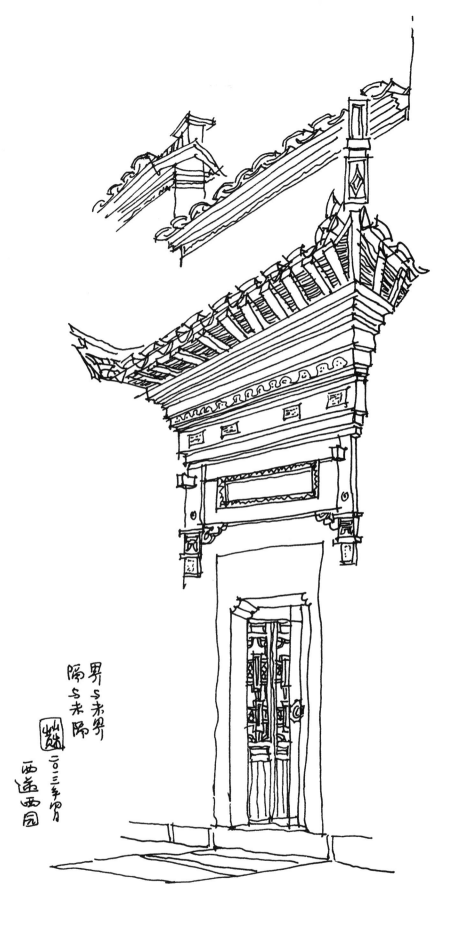

界与未界，隔与未隔

　　西园在中横路街上，是清道光年间开封知府胡文照的私宅。以漏窗借景传情著称。进入园内，右侧是三幢楼房一字摆开，它们由一个长方的庭院连为一个整体，中间用大的砖雕漏窗以及形态各异的门洞隔开，分为前园、中园、后园，园中栽种花卉，设有假山、鱼池。透过前院的漏窗，隐约可见中院、后院的景物。整个庭院处于"界与未界，隔与未隔"之间，庭院深深，层层相联，整个狭长的庭院显得幽深雅静。三幢楼房入口都有门罩，其中前院住宅大门门罩高达两层，飞檐翘角，层层叠涩，尤为精美壮观。

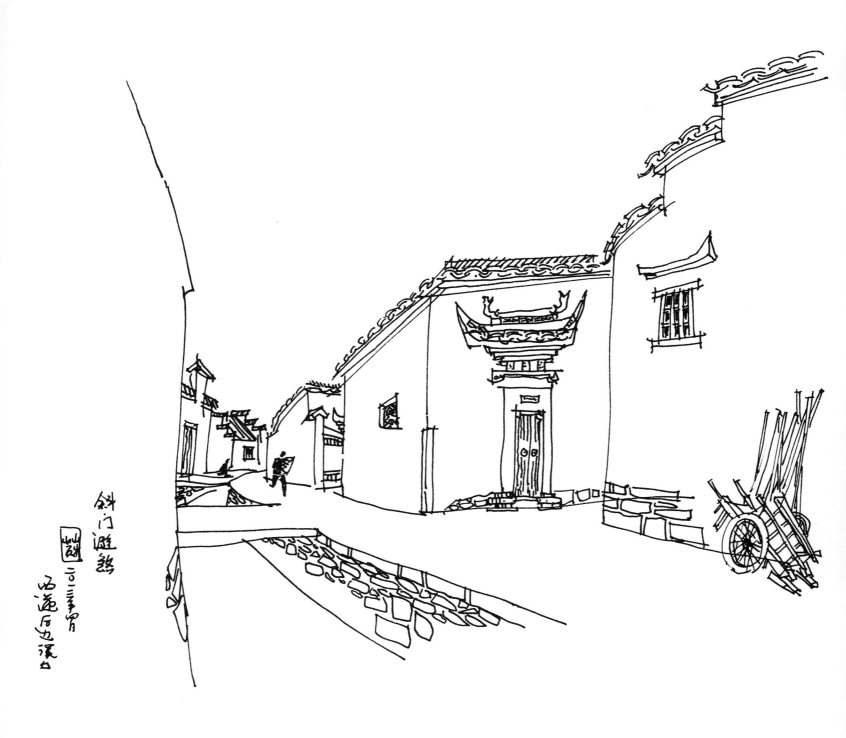

歪门斜道

　　西递建筑的美首先在外在的形式，其次在于它神秘的风水文化。在西递后边溪漫步，经常可见临水而建的民居，其门与街道都会刻意偏转一定角度，开成一扇斜门。这样处理即可以避免住宅直接面对街道所带来的干扰，又创造了变化丰富的街道景观。

高墙窄巷藏大宅

西递前边溪畔一条由高墙大宅夹成的窄巷蜿蜒而上消失在视线的尽头，人未见房如废园，唯有两辆依靠在住宅入口旁的直立板车，告诉我们田园的生活没有消失它依旧存在。画面以窄巷为主体，采用竖构图突出其高狭，画面表达左简右繁，左虚右实，打破了对称构图的呆板，对板车的细致刻画又使画面增加了几分生活的气息，给画面增色不少。

桥上商店

　　随着 2000 年西递宏村被联合国教科文组织列入世界文化遗产名录，旅游就开始逐渐改变着西递村千百年来恒定的面貌，表面上看旅游的发展让西递改善了基础设施，深层次看旅游还改变了当地居民的生活方式，让许多过去拿着镰刀锄头的农民变成了拿着算盘计算器的商人，自家的宅院也贡献出来一步步演变成了商铺、旅馆、

饭店。前边溪上一处人家的桥上商店就是这一转变的缩影。保护和发展永远是一对纠缠在一起的冤家。画面采用三角形构图，画面左侧的桥上商店仔细刻画细节，右侧的民居则寥寥数笔，左繁右简，构图活泼。

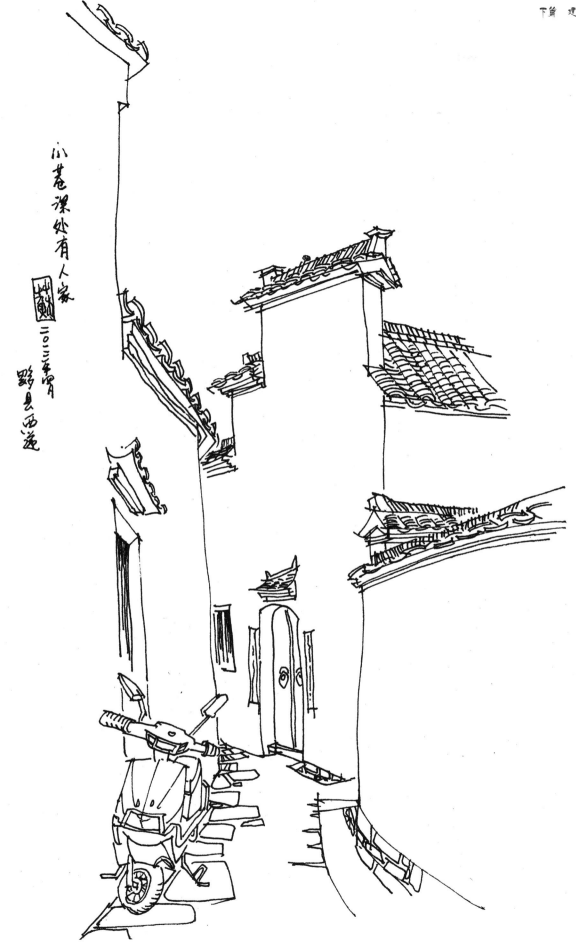

小巷深处有人家

二〇二三年□月

黟县西递

西递寻常小巷

随着屋旁忽左忽右前进的沟渠，我漫步在西递不知名的小巷，弯弯曲曲，不知其终点，这种对未知的期待总是让人充满探索的欲望。画面选择了一个三岔口，用不同的透视表现了这种巷道空间的复杂性，而路边的摩托车则为画面增添了生活的气息。

五岳朝天

马头墙是西递民居最主要的形态特征，其高大封闭的墙体，因为马头墙设计而显得错落有致，那静止、呆板的墙体，因为有了马头墙，从而显出一种动态的美感。马头墙一般为两叠式、或三叠式，较大的民居，因有前后厅，马头墙的叠数可多至五叠，俗称"五岳朝天"。画面采用横向构图，左简右繁，很好地表达了"五岳朝天"马头墙的动态美。

半边溪水半边街

　　后边溪是西递村边的小溪，这里远离游客，还保留着村庄古老的宁静。沿溪溯流而上，半边溪水半边街的感受就越来越强烈，耳边是潺潺的流水声，脚下是青青的石板路，眼前是不断转向的马头墙，真让人如入迷宫，目不暇接。画面采用竖构图，详细刻画了左侧的半边溪而对右侧的半边街只做简单处理，形成了左实右虚的效果，打破了均衡构图可能带来的呆板感。

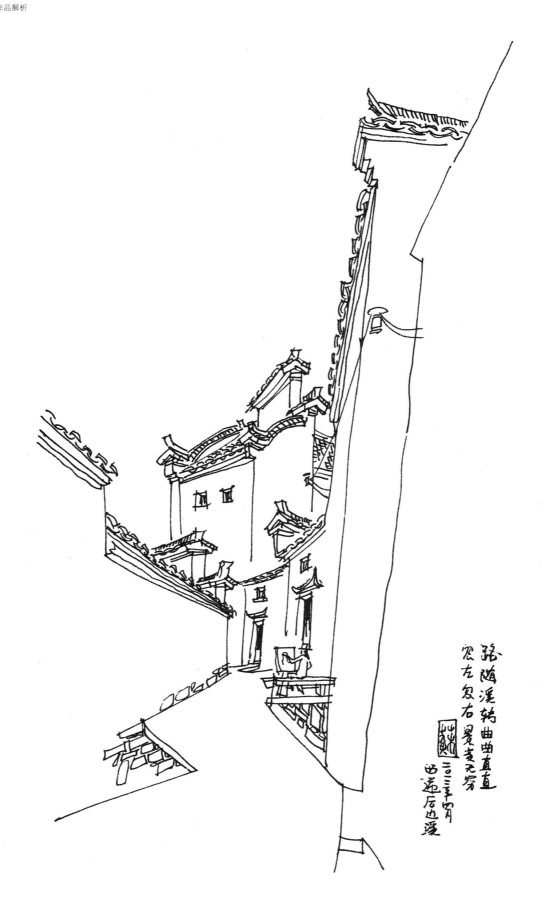

路随溪转曲曲直直
忽左忽右寻寻觅觅无穷
二三年四月
曲远后边溪

溪街互换

后边溪是条很有趣的小溪，也许是更接近自然地缘故，它比深入村内的前边溪奔跑地更加自由，在出村口和入村口都玩起了溪街互换的游戏。让本就曲曲折折的溪边小路变得更加复杂，街道景观也随之而变得更加丰富。画面采用S形构图，重点刻画临街建筑，达成左虚右实效果，很好地表达了后边溪这种独特的溪街互换景观。

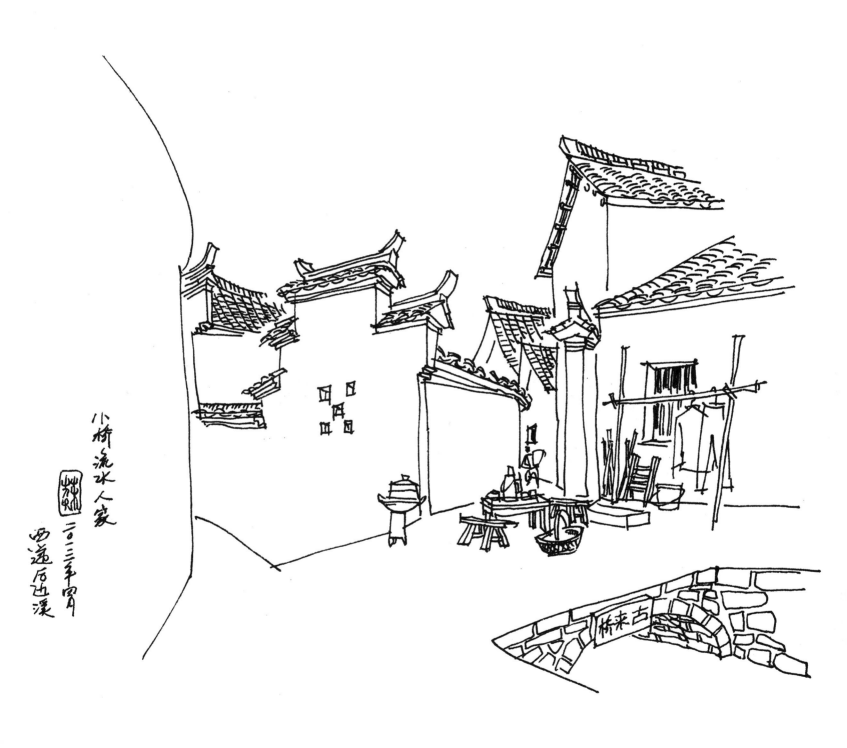

小桥流水人家

二〇二三年宵

西递后边溪

桥来古

古来桥头

  古来桥是座建于明末的石砌单拱桥，位于西递村东头后边溪入村口，最初它是将西递村与村外的自然联系在一起的枢纽，后来随着西递人口不断繁衍，慢慢沿这条出村的道路两侧也建起了住宅，古来桥就逐渐演变成了今天的三岔路口。交通要道自然少不了买卖，于是板凳座椅、火炉茶壶就自然出现在画面中。

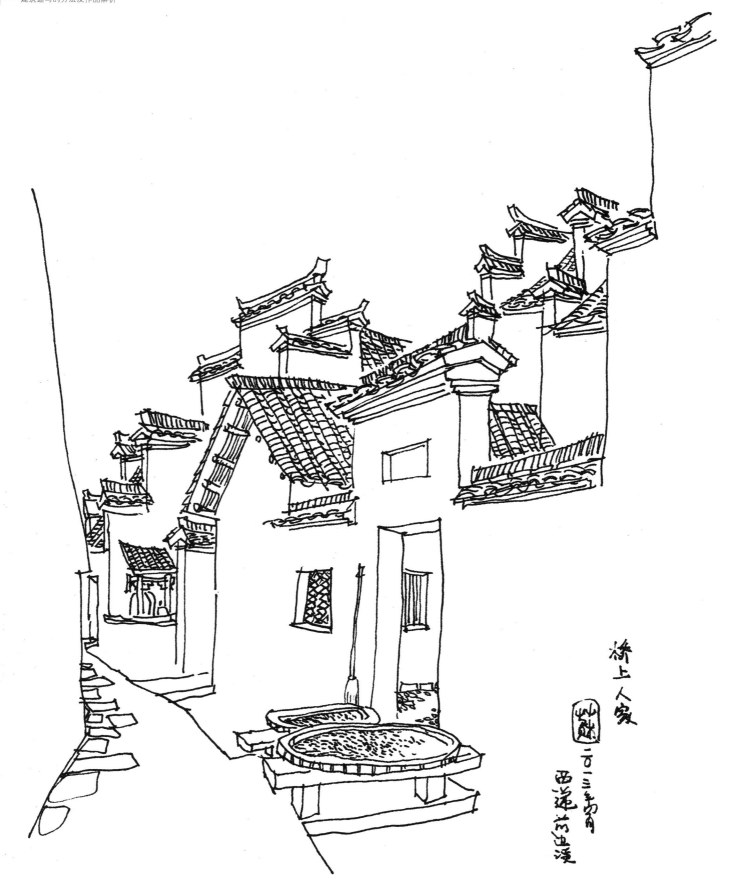

桥上人家
西递前边溪

桥非桥

　　西递村以敬爱堂、追慕堂为中心，沿前边溪、后边溪呈带状布局。宽度约3米的正街、横路街、前边溪、后边溪街等四条街道，构成村落主要道路骨架。作为村内东西向主要道路的前边溪上有许多跨溪而建的石板桥，桥宽且平，在旅游业发展的不断刺激下这些昔日作为交通纽带的石板桥逐渐成为村民生活、工作、交流甚至做买卖的场所。桥已不是过去的桥，人也不是过去的人。画面采用三角形构图，重点刻画了右侧的民居和桥上的工具等细节，突出了桥非桥的特征。

水田路转又一景。

西递前边溪

弯曲的空间

　　水是西递村的魂，西递这个名字就因水而起，建村伊始，胡氏祖先就沿溪筑屋，千百年来不停建设终成今日规模，溪水自然流淌，建筑也就随之自然弯曲，渐渐的一个弯曲的生活空间就这样形成了。画面采用横向构图，弯曲的小路突出了空间的弯曲感，左简右繁的建筑处理则打破了画面的均衡，活跃了画面效果。

曲曲折折 依水而居
路随水转 步移景异
山妹 二〇一三年写月
西递

小桥流水人家

　　滨水而居的西递人家，对水与桥有一种与生俱来的依赖，人们喜欢在水边嬉戏、习惯在桥上生活，桥下的潺潺流水与桥上的家长里短一起构成了西递独特的滨水田园生活。画面采用 S 形构图，以前边溪、大树和桥上生活为刻画重点，而建筑则退后成为背景，简繁之间西递"小桥流水人家"的诗情画意跃然纸上。

你在桥上看风景
看风景的人在楼上看
你你是他的景他
是你的画

二〇一三年甲月
西递后边溪口

溪边老宅归园田

　　西递村南前边溪出村口处有一座老宅，或因远离村庄中心之故，历经百年依然保存十分完好，据说还曾作为申报世界文化遗产时的参考建筑。老宅既有内向的天井，又有外部庭院，其住宅平面虽然方整却因有随溪而变的屋前庭院而显得规整并不呆板，紧凑而不局促，空间格局统一而又变化灵活。因该建筑造型复杂，为准确表现建筑，画面采用成角透视以便控制其形，同时深入刻画了主建筑入口门罩、院内大树以及门外的日常生活场景等细部，由于这些生动元素的参与使画面充满了田园生活的味道。

半个月亮爬上来

　　月沼是宏村中心的一处半月形池塘，俗称"牛胃"，是宏村闻名中外牛形水系的心脏，据说当初开挖月沼时，原本计划挖成一个圆月型，而当时的76世祖妻子重娘却坚决不同意。她认为"花开则落，月盈则亏"，只能挖成半月形。最终，月沼成为"半个月亮爬上来"。

　　月沼环境优美、常年碧绿，塘面水平如镜，塘沼四周青石铺展，粉墙青瓦的民居整齐有序地分列四旁，与蓝天白云如黛青山一起跌落水中，构成一幅优美的山水画卷。平日里老人们在这里家长里短地谈天说地，女人们在这里欢声笑语地淘米浣纱，孩子们在这里相互追逐地嬉戏打闹。月沼成了村民日常生活的中心，风俗民情的露天舞台。如果一旦村里不慎着火，月沼还能成为可靠的灭火水源。同时，月沼北畔的正中还是汪氏宗祠乐叙堂的所在，每到逢年过节村中族长们就会在这里祭拜祖先、商议村中大事。可以说，经历几百年岁月的洗礼，月沼已逐渐演变成了宏村人日常生活的中心和精神的家园，如基因般嵌入宏村人的集体记忆。画面采用横构图，较好地展示了月沼边上的建筑，而对月沼不置一墨，正是此处无声胜有声的所在。

宏村正街

穿过月沼北侧有着两个拱门的小巷就到了宏村内最主要的街道——正街，正街宽约 10 米，路面用一色青石板铺成，两侧商铺林立、人来人往、热闹非凡。画面通过描绘街道拐角商铺的细节突出了重点，形成了左密右疏的构图效果。

断章

　　在宏村正街南端的丁字路口，有一处横跨街道的风雨廊，廊边有靠，无论风雨，每日定有村中老人依坐其间，或低声细语，或凝视游人，如雕塑般不经意间竟成宏村一道美丽的风景。此时此景，我脑海中不禁想起诗人卞之琳著名的"断章"："你在桥上看风景，看风景的人在楼上看你。明月装饰了你的窗子，你装饰了别人的梦。"画面以风雨廊为中心细致刻画，两侧则用简化的建筑收住，突出了重点。

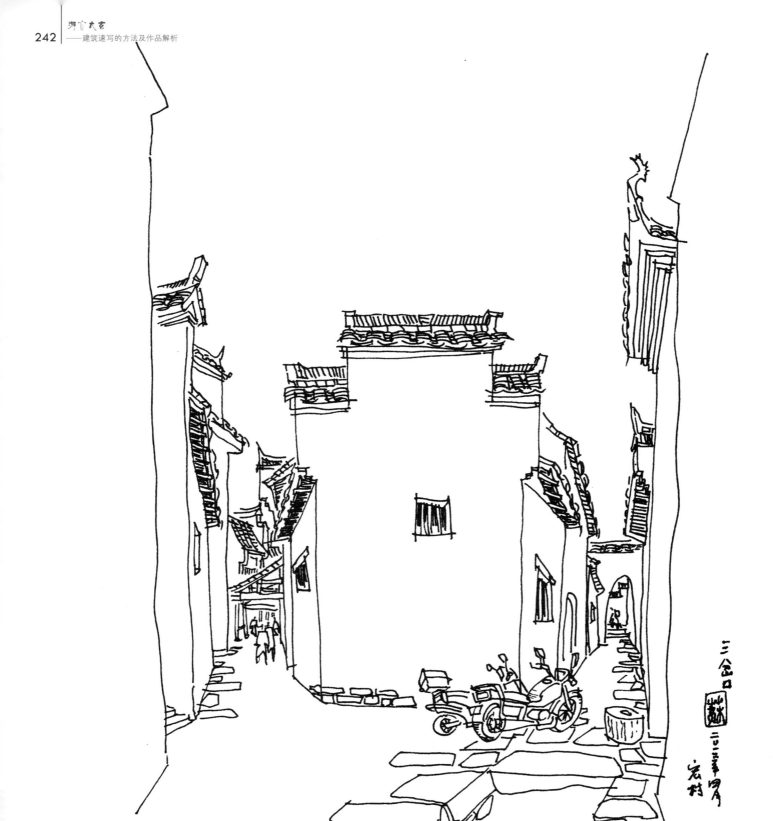

三岔口

　　三岔口连接着宏村正街，是宏村里最能体现中国画意境的地方，站在这里你会惊奇地发现三条街道上同时上演的不同生活就同时呈现在你眼前，犹如一幅浓缩的清明上河图。画面采用散点透视，同时描绘了三条街道上同时上演的不同生活，再现了中国画"咫尺千里"的意境。

游人不知村中事
隔湖犹闻读书声
二〇三年宵
宏村南湖书院

南湖书院

　　子曰："智者乐水，仁者乐山"，智慧的人总是与水联系在一起的。南湖书院就位于宏村南湖的北畔，占地约 6000 平方米，由志道堂、文昌阁、会文阁、启蒙阁、望湖楼及祇园六部分组成。一湖碧水位于书院前，连栋楼舍接着书院，书院黛瓦粉墙，与碧水蓝天交相辉映。画面采用舒展的横构图，中景的书院作为重点表达，前景的湖和背景的远山则简化至极致，突出了书院被湖光山色所包围的特点。

一轮明月映南湖

　　一座弯月般的石拱桥立于湖心,将波平浪静的南湖一分为二,而湖中的倒影又将弯月变成了满月,与湖边的纤丝垂柳、粉墙黛瓦、蓝天白云、如黛远山一起融绘成一幅美丽的水墨乡村。

如廊画桥

画桥是南湖最美的风景，有点像苏州园林中的廊，因为有了它界着，南湖不再是普通的一泓池水，而是以画桥为前景、湖边树林为中景、远山为远景的一幅山水画。

满园春色关不住，一棵老树出墙来

　　宏村的街巷伴随着"牛肠"蜿蜒曲折，人行其间总有许多惊奇。街巷两旁的民居大多二进单元，前有庭院，辟有鱼池、花园，每到春天，总是春色满园、香飘四溢，更有那院内的百年香樟不甘寂寞，欲与天空试比高，绿荫出墙，与层层跌落马头墙构成了一幅绿与白、自然与人工的和谐对比。画面以百年香樟为主景，注意其团状树叶形态的表达，建筑则简化处理成为配景。

门里门外皆风景

　　走在宏村的小巷，不经意间的抬头或回首就会有一幅美丽的山水画映入眼帘，传说中的"画里乡村"果然名不虚传，只有身在其中才能感受到其中的美妙。这些处处以墙为框，以自然为笔的创意令游人如在画中游。宏村街巷空间中山水画境的营造折射出古人对大自然的无比热爱以及对美好生活的执著追求，其积极乐观、悠闲自得的生活态度对于当今生活于大都市里的匆匆过客们是否有某种启示呢？是否我们走得太快，而忘记了身边的风景？

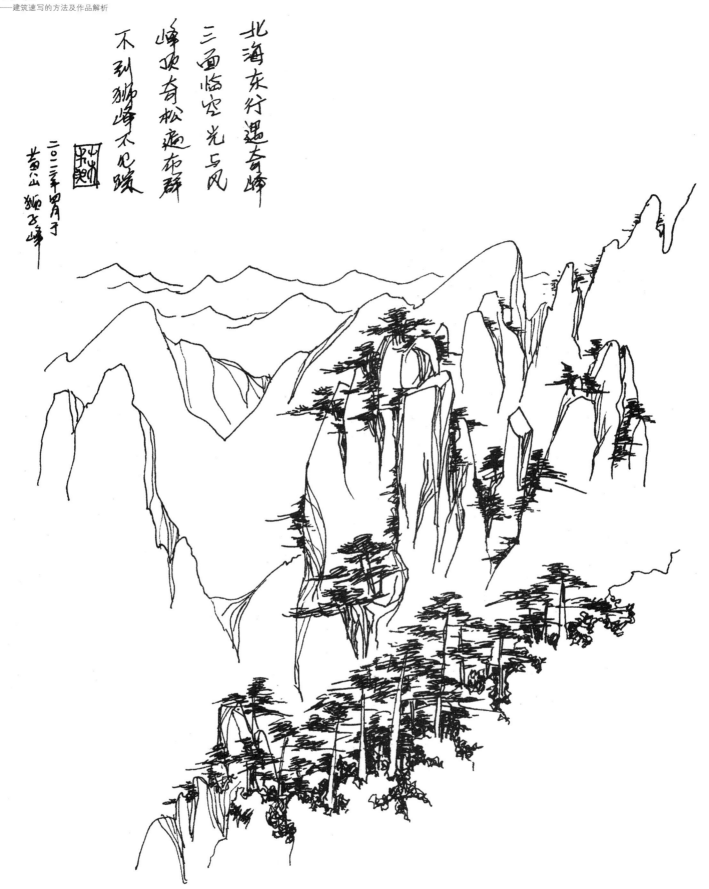

北海东行遇奇峰
三面临空光与风
峰顶奇松遍布群
不到狮峰不见踪

二〇二三年四月于
黄山 狮子峰

不到狮子峰，不见黄山踪

　　狮子峰是黄山后山的主要景点，游人站在狮子峰顶环顾，丹霞、石鼓、石门、棋石、白鹅、始信诸峰及贡阳山、光明顶等黄山美景尽入眼帘。故民间有"不到狮子峰，不见黄山踪"之说。狮子峰北面山野平畴，一览无余，使人胸壑顿开，心气溢扬，千烦尽涤。右侧的散花坞，则奇峰怪石林立，虬松满布，百花争艳，美不胜收。画面以万壑松林为前景，散花坞为中景，用层层远离的群山为远景勾勒出一幅峰峦叠翠的黄山胜景。

清凉峰顶势平坦
一块孤石立峰巅
尤如猴王观沧海
不知是否思西天

二〇〇三年四月
于黄山北海
猴子观海

猴子观海

　　在黄山狮子峰北一座平顶的山峰上，有一巧石，如猴蹲坐，静观云海起伏，这就是著名的"猴子观海"。画面以"猴子观海"所在山峰为前景，对虬松和岩石进行了仔细刻画，中景和远景的山峰则逐渐简化细节，形成了明确的疏密对比，前中后景之间的留白强化相互之间的空间感。

钗头凤

红酥手黄縢酒
满城春色宫墙柳
东风恶欢情薄
一杯愁绪
几年离索
错错错

春如旧人空瘦
泪痕红浥鲛绡透
桃花落
闲池阁
山盟虽在
锦书难托
莫莫莫

二三年肖宵
于绍兴沈园
孤鹤轩

孤鹤归来只自伤

　　沈园位于绍兴市越城区春波弄，是绍兴历代众多古典园林中唯一保存至今的宋式园林，经历 800 年岁月沧桑，至今仍得以流芳，全因为诗人陆游与表妹唐婉之间那个千年不老的爱情故事，以及陆游触景伤情，怅然在墙上奋笔题下的那首千古绝唱《钗头凤》。春天的午后，沈园寂静无人，我独坐在湖边冷翠亭中，眺望着前方孤独的孤鹤轩，脑海中不禁浮现出"锦书难托，莫、莫、莫"的诗句，一种"孤鹤归来只自伤"的感觉油然而生。画面以孤鹤轩为主景，左侧的冷翠亭以轮廓收住画面，而远景的树木则从繁到简慢慢消散，融入了无尽的绿色，《钗头凤》的诗句铺满画面上空，其诗意其构图都创造了一种低沉压抑的气息。

门泊东吴万里船

　　坐在绍兴咸亨酒店前的桥头注视着寿家台门前的小河里来来往往，穿梭不息的乌篷船，不禁想这小小的乌篷船竟如此神奇，千百年来它就这样摇摇晃晃地载着王羲之、贺知章、鲁迅、秋瑾、蔡元培、马寅初们从水巷走向大海，从刹那走向永恒。也许这就是平凡孕育着伟大的道理吧。

布衣暖
菜根香
诗书滋味长
此三味书屋也

浙江绍兴
二〇二三年四月

寿家台门

    寿家台门是晚清绍兴府城内著名的私塾，闻名中外的三味书屋就在寿家台门的东侧厢房，鲁迅先生少年时期曾在此求学 5 年。整栋建筑坐南朝北，北临小河，门前有私家码头，架石桥与街道相通，与周家老台门隔河相望。画面采用舒展的横构图，建筑沿 S 形的小河展开，以大门和码头为前景，由近及远越来越简洁，最后与视线一起消失在无尽的远方。

平遥市楼

　　市楼横跨于平遥古城最著名的南北轴线南大街上，既是古城的中心点，又是可俯览全城风景的制高点，因古时南大街上一日有"朝、午、夕"三市，由此而得名。它与城东清虚观、大成殿等高大建筑，遥相呼应，对应于城中大片，平缓的灰色民居屋顶，构成古城起伏变化的优美轮廓。市楼造型优美，为三重檐木构架楼阁，歇山屋顶，铺以黄绿相间琉璃瓦，檐下斗拱全部外露，二层平座上有围廊环绕，楼下四周置木栅栏围护，整个建筑既有优美的轮廓又有愉悦的繁简肌理对比。画面重点刻画檐下斗拱、楼身门窗等细节，大胆简化屋面，强化了市楼虚实对比强烈的形态特征。

榕下人家

　　汕头市濠江区凤岗古村位于濠江峡湾最宽处，依凤岗山而建，距今已逾 700 余年，村中以清末民国时期为主的古民居保存完整，是粤东地区一个独 具魅力的滨海古渔村。走进凤岗村，首先映入眼帘的就是一株与嶙峋怪石紧密结合的苍苍古榕，以及榕下的传统民居，它们共同构成了一幅天人合一的独特风景。画面用榕树、巨石、野草、残墙铺满整个画面，而建筑则被包裹其中，再现人与自然和谐相处的生活场景。

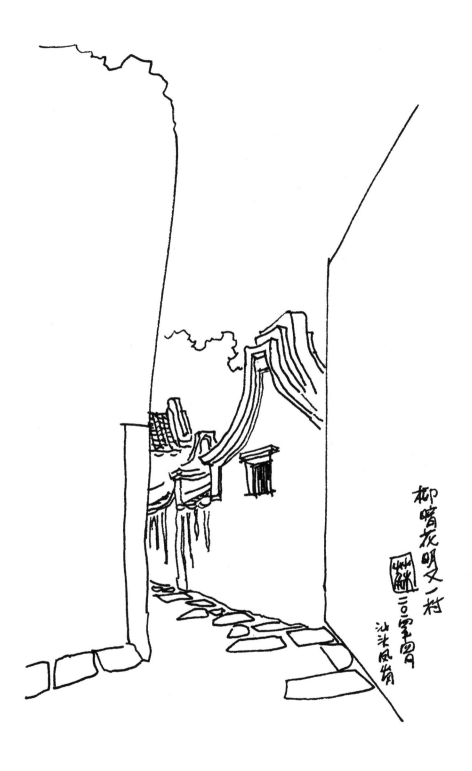

巷尽古村来

从珍珠娘娘庙进入凤岗古村，需要经过一段长约 30 米由石与墙共同挟持的窄巷，仿佛是《桃花源记》中"初极狭，才通人。复行数十步，豁然开朗"的凤岗翻版。画面采用竖构图，左右两侧用直线收住画面以突出巷的狭窄，两线之间是露出半边脸的民居，仔细刻画其屋顶和墙面细节，形成了良好的疏密对比，再现了"巷尽古村来"的意境。

瓦的眼泪

　　凤岗古村与海为邻，每年夏秋时节的台风是村子中所有建筑都必须面临的考验。为适应这一严苛的气候条件，这里的民居体现出强烈的地方特色。为避免大风掀翻屋顶，屋顶大多没有挑檐，这导致雨水很容易顺墙而下，留下道道深深的水印，犹如瓦的眼泪，它们形成了凤岗民居最明显的特征之一。

人去楼空空寂寂

午后独坐在凤岗山腰一处民国时期政府官员的私宅花园中，眼前一侧是依稀可见昔日繁华的深宅大院，另一侧则是荒草丛生的残垣断壁，脑海中竟如过电影般闪现出百年来曾经在这里发生的一幕幕生活场景，如今繁华已逝，人去楼空，只剩下空寂寂的花园在无声述说着沧海桑田、繁华不可久恃的道理。画面采用横构图，对左侧四点金大院与右侧花园的残垣断壁细节都做了刻画，形成强烈对比，而两者之间则通过遍布花园的杂草联系在一起。

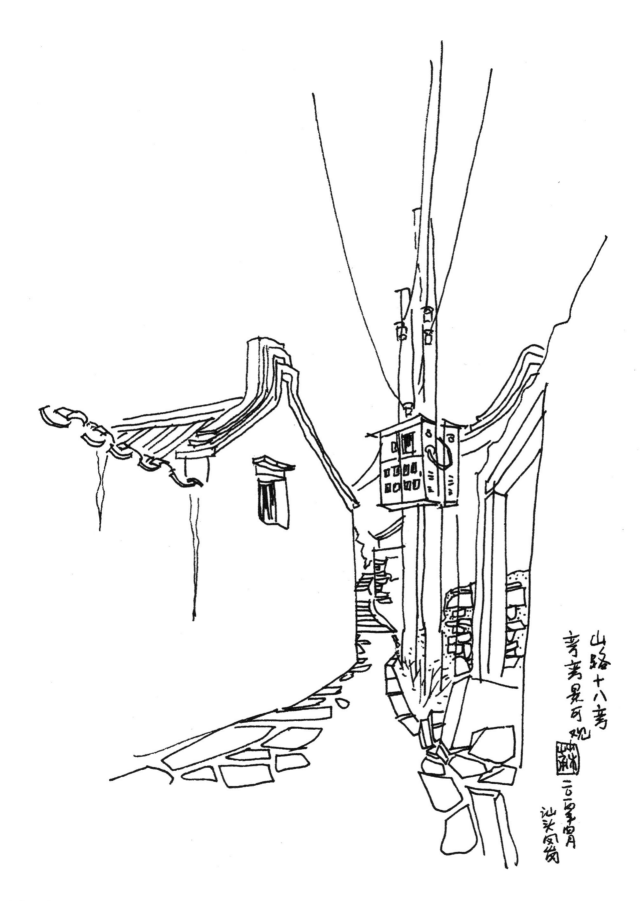

山路十八弯

　　凤岗古村依凤岗山而建，有数条狭窄的小巷穿村而过直达山顶，这些小巷顺应山势，在已有建筑间闪展腾挪，忽左忽右、时宽时窄，人在其中，步行景异，变化无穷。画面左侧民居大胆留白，右侧电线杆和残破的石墙细致刻画，形成左简右繁的疏密对比，S形的石路位于中间若隐若现的伸向远方，成为画面的主线。

凤岗书院

凤岗书院

　　凤岗书院就在郑氏祠堂怀德堂之后，这里曾是凤岗村孩子们最早接受启蒙教育的地方，然而随着西式小学的兴起，这里逐渐荒废，如今院内已是杂草丛生，柴门紧闭，空无一人。我站在书院前，不禁感叹"书院依旧在，不闻读书声"也许就是今天中国农村启蒙教育的现实。画面前简后繁，左虚右实，拉开了空间感，对书院边鸡笼水桶竹筐等农家工具细节的描绘，突出了书院荒废的主题。

狭巷春意浓

　　报本堂旁的一条窄巷，前宽后狭，最窄处仅容一人通过，然而就在这窄小的空间中，也有一簇迎春花从残垣断壁中顽强伸出，以一花之力而让整个陋巷生机盎然。一簇花儿尚能位卑不自贱，更何况人乎？画面采用竖构图以突出巷之狭窄，左侧的迎春花做为主景仔细刻画，右侧的建筑则大片留白，形成了左密右疏的肌理对比。

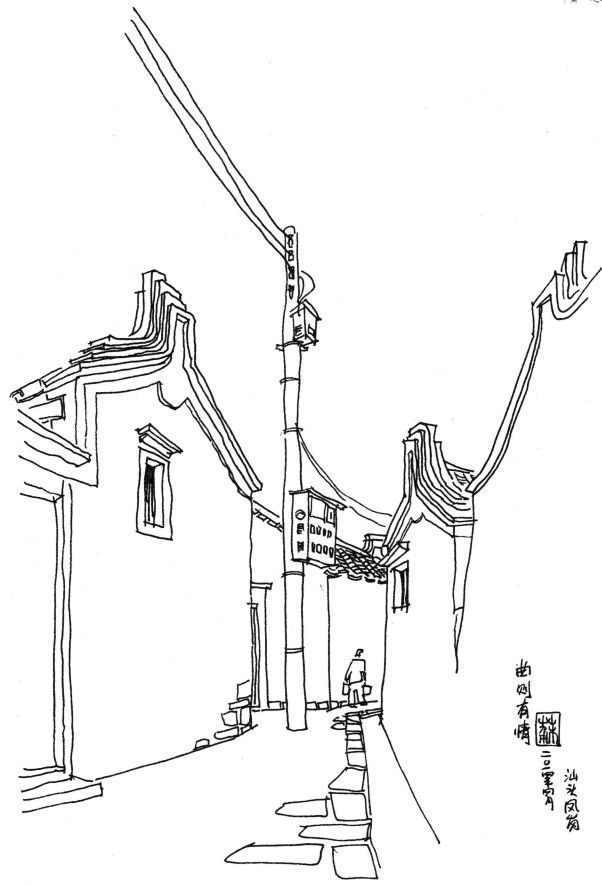

91，曲则有情

　　凤岗村依山而建，村内道路随等高线曲曲折折，而路旁的建筑也就跟着路曲曲折折起来，人行走在曲巷中，由于散点透视的原因，感觉景观非常丰富，充满视觉的乐趣，这种基于顺应自然而来的愉悦也许就是风水中所讲"曲则有情"的真意吧。画面两侧建筑留白处理，路中的电线杆仔细刻画而把视线引向道路的转折处，而转折处的瓦屋面与前景的白墙形成疏密对比则强化了空间的深远感。

厝房天井

　　凤岗村尊亲堂旁的一处厝房天井里堆满了各种大大小小的生活器皿，檐下的空间也被主人临时搭建的小屋占据着，空间虽然混乱却充满了生活气息，也许生活的真谛就是自由吧。

　　画面对中景的屋顶和生活场景仔细刻画，而对前景的小屋和远景的树林简化处理，前中后的疏密对比拉开了空间，在咫尺空间里创造了多重景深。

尊亲堂后巷 四马拖车 厝房无井 二〇一四年四月才 广东沙溪凤岗

厝房春秋

尊亲堂后巷有一处驷马拖车的大宅，大宅内仍然有人居住，而宅旁的厝房却已废弃，只留下曾经用过的坛坛罐罐在述说着过去大家庭的繁华。画面在均衡的构图中注意变化，左下角的柴火堆和坛坛罐罐与右上角的檐下细节构成了有趣的肌理对比，屋顶的荒草和墙上裸露的砖石则点明了厝房废弃的状态。

转折处必有风景

　　凤岗村内的道路转折处总有一些有意或无意而成的风景，它可能是转角处的一个泰山石敢当，也可能是一口水井，抑或是几根电线杆，这些独特风景的存在犹如路标使人们身在复杂的街巷体系之间也不会迷路，这或许就是凤岗古村的魅力所在。画面中远处的瓦屋顶和中景的墙面形成愉悦的疏密对比，转角的电线杆和石敢当则成为点睛之笔，打破了水平的构图，活化了画面效果。

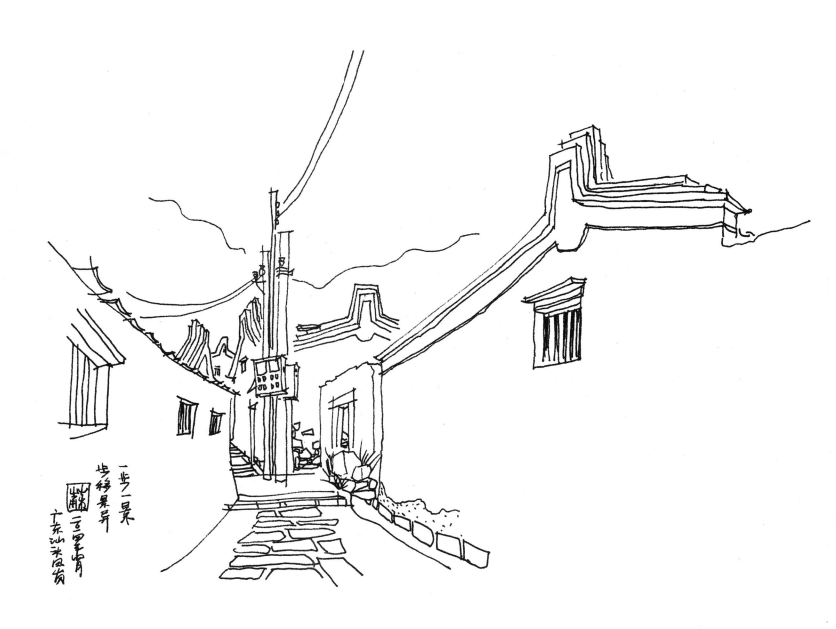

跳跃的山墙

凤岗的街巷因为山而曲折，凤岗的建筑也因为山而跳跃。画面抓住潮汕民居最为显著的五行山墙所形成的生动天际线巧妙地描绘了这一起伏的山地景观特征，画面中部的电线杆作为垂直元素打破了连续山墙形成的水平线特征，为画面增加了对比的元素。

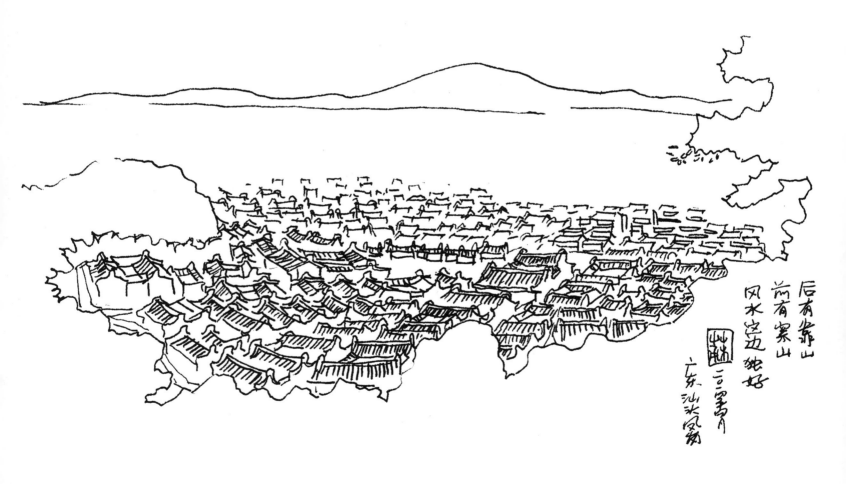

连天屋顶

站在凤岗山顶放眼望去，连绵不绝的屋顶从山脚向山顶涌来，起起伏伏蔚为壮观，而近处绿色的山和中景的红色屋顶以及远处绿色的良田和起伏的山丘间插在一起也形成了一幅多样统一的大地景观。画面重点刻画了作为中景的村落，而对近景和远景的山简化处理，强化了疏密对比。

凤岗山居

　　凤岗的山居与平地部分的民居不同，不仅有型制严谨的四点金、下山虎、驷马拖车等建筑，往往还有适应地形变化的前院和侧院。这使得凤岗山居内部空间变化十分丰富。画面将远处的瓦屋顶与近处居住建筑的墙面和院子围墙形成疏密的对比，并在近处增加花草石块等细节拉开了前中后景间的空间感，一条时隐时现的 s 形道路强化了山地起伏的特征，并将视线带向远方，提升了画面的意境。

凤山岗 报本堂 天井 二〇二四年四月

报本堂

在潮汕地区的乡村，人们习惯聚族而居，一般一姓一村，而一姓至少就有一座祠堂。子孙多了分"房"，离开原居住地另择地建房，形成新的聚落，慢慢就有了分祠。报本堂就是凤岗村内的一座分祠，其名取自"报本返始"之意。它是两厅夹一庭的两进式院落，院中有一敞厅，两侧有敞廊，可以保证无论风霜雨雪都可以进行祭祀和议事活动。画面选择敞厅为主景，仔细刻画敞厅内的柱子与梁、檩、椽的关系，以及大厅内的门扇、祭桌、神龛等建筑细部，再通过简化屋面细节，形成了前景后景鲜明的疏密对比，从而创造了深远的景深。

凤岗之村
南潮旧家
广东汕头凤岗
二○一五年冬

四点金天井

　　潮汕人普遍相信风水，认为"凡屋以天井为财禄，以面前屋为案山。天井阔狭得中，聚财"，因此天井成为潮汕民居不可缺少的要素，可以说有宅舍必有天井，它多设在厅前堂后，是住宅与自然沟通的主要渠道。画面通过门框看天井，突出了天井的狭小，通过对作为远景的大厅内细节的刻画，以及作为前景的大门的简化，形成疏密对比，在咫尺空间中拉开了空间的层次感。

门里门外

从一处四点金住宅的大门望出去，门框如画框般将对面住宅的屋顶和后墙上的水渍裁成了一幅水墨抽象画，十分优美。画面以简化后的门框为前景，仔细描绘门口的半辆自行车为中景，对面住宅的屋顶和后墙上的水渍为远景，繁简对比之中一个具有前中后明确层次的空间就显现出来。

凤岗古村 怀德堂畔
四马拖车古宅院中
二0一四月
十东沙米

院里祠堂

怀德堂畔的有一座驷马拖车的大宅，人在院中坐，怀德堂巨大的木式山墙就成为了它独特的风景。画面左侧用屋檐轮廓收住，中间的院门作为中景仔细刻画，作为远景的怀德堂木式山墙则以轮廓表达，空间层次清晰，而柴垛、大缸、水井、木桶等生活器具点缀在院中，丰富了画面内容，增加了画面的生活气息。

石夹门
凤岗古村入口
广东沙头凤岗
二〇一四年四月

巨石之门

　　沿濠江进入凤岗古村需要经过一个由两块巨石挟持而成的石门，石后榕树森森、浓翠蔽日，从此门入村犹如武陵渔夫误入桃花源，充满了惊奇与期待。画面中远景的茂林和近处的巨石形成疏密对比，藏在林中半隐半显的民居，则延伸了视线增加了空间的深度。

曲径通幽处
别有一番情

曲径通幽

　　凤岗古村依山而建，人居其中与大自然就咫尺之隔，路转过一个拐角也许就是自然，这种天人合一的生存观，以及街巷宽窄变化带来的多样公共空间和由此形成的丰富景观值得我们今天生活的大多数城市好好学习。

四点金旁石头院

　　凤岗古村的民居类型以大户人家的四点金和普通家庭的下山虎为主，四点金的建筑格局跟北京的四合院有点像。外围一般有围墙；大门左右两侧有"壁肚"；一进大门就是前厅，两边的房间叫前房；进去就是空旷的天井，两边各有一间房，一间作为厨房，称为"八尺房"。另一间作为柴草房，一般称为"厝手房"；天井后面就是后厅，

也称大厅，是祭祖的地方，两边各有一个大房，是长辈居住的卧室。画面以四点金住宅为中景，刻画其入口，以石头院为前景刻画其石墙组织，以大榕树为远景刻画其下生活场景，形成了清晰的前中后三个空间层次，增加了画面的可读性。

跌落山居

　　沿着凤岗村蜿蜒曲折的石板小径，一座座潮汕传统民居鳞次栉比、错落有致。凤岗古村落因腹地偏小，土地资源匮乏，因此，民居多依山错落，巷道也是因地制宜顺势而建，处处透露着古朴自然的味道。画面对跌落的民居以及蜿蜒曲折，高高低低的石板小径都做了刻画，以表达山地村落的复杂性，注意屋顶繁简不同的处理，以拉开空间层次感。

重复之谓美

　　站在凤岗山腰下望，无数红色瓦顶围合的院落在绿树地掩映下层层跌落奔向远方，最终在视平线上与远山融为一体，重复与顺势而为也许就是天人和谐的生态大美产生的原因吧。我们今天的新城镇建设是否也应该向传统村镇学习多讲究一些共性，少追求一点个性呢？画面以层层跌落的屋顶为对象，对近中远的屋顶进行由细到粗的处理，形成了良好的空间层次。

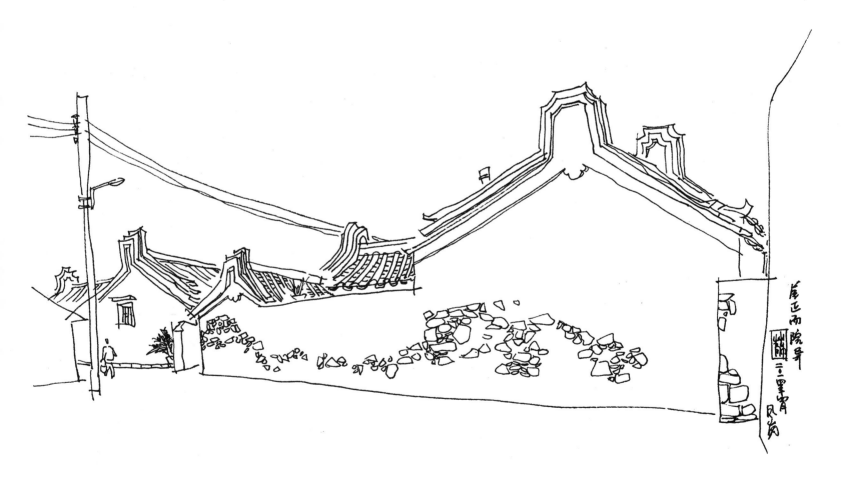

五行山墙

　　凤岗村传统建筑与其他地区民居建筑的最大区别就在于它结合五行之说所形成的五行山墙，有金，木，水，火，土五种形式。这五式的形状是根据堪舆学的山形之说而命名的"金形圆而足阔"，"木形圆而身直"，"水形平而生浪"，"火形尖而足阔"，"土形平儿体秀"。而一个建筑究竟选择哪种形式的山墙则是由建筑所处的具体环境来决定的，比如周围的山形多为火形，则山墙面采用"水式"，取"水火相克"之意。而一般的民居中忌讳使用"火式"山墙，而一般用在宗祠家庙，取家族兴旺之意。画面采用横构图，硕大的山墙成为画面的焦点，远处的瓦屋顶和近处的院墙形成疏密对比，弯曲的电线和院墙上裸露的石块等细节则丰富了画面的内容。

怀德堂
精神的归宿
活动的中心

怀德堂

凤岗村民历来重视祠堂的建设，它既是村民精神的归宿，也是村民商议族内重要事务和日常活动的场所。怀德堂就是村中这样的一座祠堂，其名取自"怀抱祖德"之意。该堂为两厅夹一庭的两进式，其大门因系统地运用木雕、石雕、嵌瓷这三大潮汕建筑工艺而装饰

豪华，富丽堂皇，雄伟壮观。尤其是屋脊的龙凤及仙人走兽的嵌瓷，精美绝伦。画面重点表达了屋脊和大门的装饰，形成了两边疏中间密的构图，堂内细节的描绘则增加了空间景深。

四点金

　　这是怀德堂畔的一座四点金住宅，因与村内主街相临，其主入口没有设于门楼中央开间，而是设在了住宅侧面"厝手房"的位置，在主入口旁边还有一个平时使用的龙虎门，这种根据住宅区位情况不墨守成规而加以变通的"四点金"正是古人"恒久变易"思想的具体体现，充满了生存的智慧。画面以建筑为对象，注意透视的准确性，并重点刻画了入口山墙和屋面等细节。

榕宅

　　凤岗山上有一棵巨大的榕树，其主根扎根于一块锥形大石上方的石眼处，树根交织缠绕，将石头紧紧包裹，形成名副其实的"松石榕"。榕下有一处民居名曰"松石居"，榕与宅交相辉映，充满诗情画意。画面以榕为远景与前景的民居形成疏密对比，其巨大的树冠将整个建筑包裹其中，很好表达了"松石居"的意境。

榕宅

三二年画

汕头民居

下山虎

　　这是凤岗山上的一处下山虎住宅，下山虎又名"双跑狮"，是由三面房屋一面墙组成的三合院落，正屋三开间居中，中央为"大客厅"，每边各一"大房"；正屋前为天井，天井两侧各为一开间的"厢房"，俗称"伸手"，与"大房"连接；前为高墙，墙上开门。

形成"一厅二房二伸手"的平面格局。这座"下山虎"与众不同之处在于前有一院，院墙由石头垒成，院门开在两侧，很好的阻挡了外部视线。

石头厝

　　凤岗民居多依山错落，处处透露着古朴自然的味道。就连石头，都照原始的样子"长"在家里。原来，凤岗村在建造房屋时，都是遵从自然、见缝插针，遇有天然巨石，一般不会破毁，因此就出现

房屋里赫然躺着庞然大石的"石头厝"，当地人也称为"石布厝"。全村约有五、六家这样的老屋，这些巨石或在天井，或于房内，看起来不仅不觉得碍眼，更是一种独具风格的"自然装饰"。

庭园深深几许 汕头凤岗古宅厝房 二〇一四年四月

人去楼空魂仍在

随着近年来经济的发展，凤岗村的居民们逐渐搬离山上生活了上百年的老宅，住进了山下新建成的多层住宅，但传统文化中"慎终追远"、"饮水思源"的思想却顽强地传承下来，每逢节假日，人们就会回到老宅，清洁打扫，上香祭祖，缅怀先人。画面中就是一处老宅厝房的天井，庭院收拾得干干净净，房门也用门栓锁好，虽然无人居住，但却显示出处处被人照料的细节。

邻里相望鸡犬相闻

　　这是凤岗村内一处僻静的农家小院，一座新建的二层小楼与一座传统的爬狮民居隔院相望，院中的小树随风摇曳发出哗啦哗啦的声音，小树下的鸡窝里母鸡们叽叽咯咯，靠墙的门板参差错落，而一只调皮的公鸡则跃上水缸东张西望，好一幅邻里相望鸡犬相闻的悠闲场景，我想也许这就是千百年来田园生活令人神往的原因吧。为抓住这一气氛，画面中的主角正是院中小树、家禽、农家工具等生活元素，而建筑则退到一旁成为烘托这一气氛的配景。

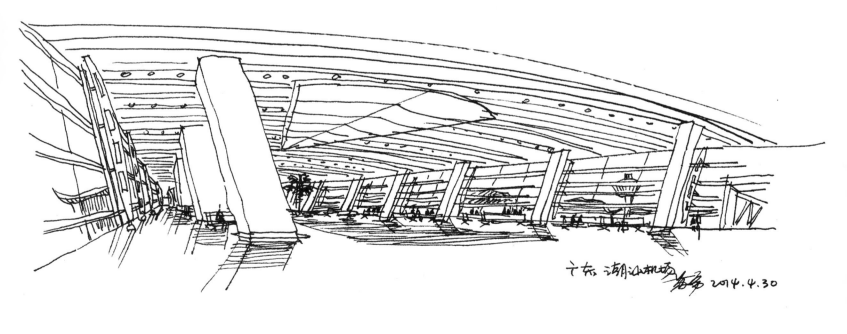

广东 潮汕机场 安东 2014.4.30

潮汕机场候机厅

　　潮汕机场候机厅作为围护结构的玻璃幕墙与承重结构相分离，创造出宽敞明亮、视野良好的大厅空间，为表达这一空间特征，画面用远景可见的方式成功表达了玻璃的透明性。

窦圃天下险
独崒在天边
江油

山高屋为峰，出入画屏中

　　三座刀削斧砍般的巨石插在一片平原之中，巍然挺拔，直入云端，这就是位于四川江油城北 20 公里涪江东岸的窦圃山。与大自然的鬼斧神工相比更令人称绝的是这三座奇峰的峰顶还各建有一座古庙，分别是东岳殿、窦真殿、鲁班殿。人在山下仰望这三座古庙真如天上宫阙一般。屋因山而成其高，山因屋而成其名，诗仙李白

少年时曾游此山，感叹其美，题下了"樵夫与耕者，出入画屏中"千古绝句。 为表达窦圃山的奇绝，采用三角形构图，将三座奇峰置于画面右下角，而将画面右上角大片留白，形成了大实大虚的对比效果。

飞仙可渡

　　窦圌山山顶有三座石峰拔地而起，好似鼎足朝天，高约 70 余米，相距约 30 米，仅东岳峰有险路可通山顶，其余两峰四面峭壁似刀砍斧劈，无路可通。三座石峰之间只有铁索桥相连，构造极为简单，仅用两根铁链固定于峰顶的铁桩上，一根粗而扁平，用以踩足，宽不足 20 公分；另一根较细，可做扶手。铁索桥悬于百丈深谷之上，山风劲吹，左右摇晃，哗哗作响，惊险万分。人到此处，望而生畏，止步不前，故桥头有题词："飞仙可渡"。画面以铁索和桥头建筑为中景详细刻画，前后景则虚化以突出中景，采用上虚下实的构图，上虚则彰显天高，下实则突出铁索下万丈深渊之险。

危岩藏古寺

　　窦圌山三座刀砍斧劈的主峰之下，一片浓郁葱茏，葱茏之间有一座古庙忽隐忽现，这就是始建于唐代的云岩寺，以佛道共融于一寺，形成"东禅林，西道观"的格局而著名。画面以山顶的古庙和山脚林中的云岩寺为主景，两者间大片留白，突显两者的高与隐。

乾元山金光洞

　　金光洞位于唐代大诗人李白故里江油市西北部的乾元山上，亦名太乙洞，相传为太乙真人修道处，是道家三十六仙山之一。雾中登山，回望山门，烟涛浩渺，云蒸霞蔚，只见山门不见山，恍惚间人如坠入五里云中，揽云入怀，对语天人，此乐何极？画面下部为近景的建筑，上部留白为远景的云雾，上虚下实的构图准确表达了云中山门的意境。

天下第三泉

　　苏州城阊门外西北的虎丘是苏州最古老的名胜之一，它岩秀壑幽、曲涧潺援，池泉清冷，修篁掩映，路若绝而复通，石将颓而又缀，景色十分秀丽。著名的天下第三泉（又称陆羽井）就处在这一静幽秀美的环境里。此泉相传为茶圣陆羽在唐代贞元年间于虎丘研究泉水水质对煎茶的作用时亲自所挖。因泉水质清甘味美，后被唐代品泉家刘伯刍评为"天下第三泉"。于是此泉就以"天下第三泉"名传于世。为表现这里静幽秀美的环境，画面采用满构图，描绘出密林深处有甘泉的意境。

岳王庙

    岳王庙在杭州西湖畔栖霞岭下，是纪念民族英雄岳飞的场所。为突出空间的纪念性，将整个画面分成前景的桥，中景的门和远景的坟三个层次，强化了画面的序列性。

窑工

赤裸砖窑工

经过上千度高温炙烤的砖窑内闷热难耐，几乎烤熟的空气让人喘不出气来，而就在这恶劣的工作环境下，砖窑工人却以一种近乎赤裸的方式在挑战着生存的极限。令人不禁对生命的顽强和执着肃然起敬。画面用仰视视角突出了砖窑工人的高大形象，用逆光方式勾勒了生命的顽强。

苍溪老街

　　苍溪老街，依山顺水，就地势自然形成，街道走向略显弯曲。街道狭窄，街上的路面为青石板；街道两旁鳞次栉比的店铺叠致有序，全为砖木结构，粉墙黛瓦；整条街道，蜿蜒伸展，首尾不能相望，是中国传统城镇街道的典型类型。画面通过明暗灰度的变化，表达了街道远中近三个空间层次。

黄龙溪老街

　　拥有 1700 多年历史的黄龙溪老街，街面全由石板铺成，一座精致的木牌坊立于十字街口，街道两旁商家鳞次栉比、廊柱排列有序，街面平均宽度 3m ~ 4m，尺度十分宜人。画面通过对前景中景后景光影强弱对比的不同处理，拉开了空间的层次感。

藏族民居

　　阿坝巴西地区属于山地林区，这里的藏族居民非常善于因地制宜、就地取材。他们巧妙地利用山坡地，把建筑下层处理成牲口圈，上层作庭院或起居场所，使人畜分置，互不干扰，改善了卫生条件。上层建筑多采用木构架结构，下层建筑多采用碎石砌筑。同时因应林区潮湿多雨的气候，常利用外廊设置开敞式起居空间，屋面采用坡顶，屋顶空间常被利用作阁楼，贮存草料、杂物。

山脊上的壮族村寨

　　这是一幅鲁愚力先生钢笔画的临摹作品，对于速写初学者而言，临摹鲁先生的画可以学习其精妙的构图和对细节的刻画。在这幅画中各种各样的吊脚楼依山而建，层层叠叠，爬满了整个山坡，气势恢宏，蔚为壮观。为表达这一依山而建的人类奇迹，画面采用之字型构图来表达山脉，选择吊脚楼为主景，周边山峦林木简化处理，突出了中心。

八月壮寨

　　这是一幅鲁愚力先生钢笔画的临摹作品，其所采用的对角线构图，很好表现了依山而建的壮寨特点，对高高耸立的老樟树，壮家小木楼以及小木楼前凌空架设的小晒台的仔细刻画则让画面有了停留的焦点。

不可居无竹

　　"宁可食无肉，不可居无竹"这是苏东坡在《于潜僧绿筠轩》中的一句诗，用它来形容四川的民居是再合适不过了。这里青瓦石墙的乡居总是被绿意幽幽的竹林环绕，风吹之时，竹林沙沙低歌，阳光照处，光影斑驳流动，形成了一幅人与自然和谐共处的美丽乡村画面。

东水门过街楼

　　东水门是重庆老城正东的大门，这里曾是人们渡长江去往南岸的要道，也是外地商贾云集之地，生意兴隆，人烟稠密。人多地少的窘境逼迫着人们不断去蚕食原本已十分狭窄的道路上空，最终这些建筑在空中相遇成为了过街楼，虽然过街楼存在安全隐患，但正是因为这些二次性建筑的存在增加了街道空间的复杂性和亲人性。画面用光影对比的方法重点刻画过街楼，并渲染了街道的深远感。

琼楼玉宇

在山城磁器口镇江边两栋吊脚楼之间架着一个鬼斧神工的空中建筑，一条直达江边的小径从下穿过，住户与过客各得其所、互不干扰，这里就是立体城市的雏形。画面用明暗对比的手法重点突出了这座空中建筑。

江边老宅

　　嘉陵江边，一处摇摇欲坠的老宅呈现出一种难以言说的复杂形态，就如同打满补丁的旧衣裳，原来的面目虽已很难辨认，但可以从中读到它曾经和正在发生的故事。画面采用类似版画的黑白对比手法，通过刻画建筑中悬挂的皮鞋、倚墙的雨伞、随意散落的箩筐、歪歪扭扭加建的楼梯等生活和建筑细节为这些故事提供了生动的注脚。

草原春风

　　四月的若尔盖草原，乍暖还寒，初春高原上的寒风依然凛冽，在一座被冬季积雪压塌屋顶的废墟前，一只草原犬岿然不动迎风而立，犹如一座山注视着远方，其高原生命里蕴含的孤傲和顽强令人肃然起敬。画面用向一个方向大尺度倒伏的野草隐喻了凛冽的寒风，创造了一种动态，与犬之静止形成了一种有趣的对比。

守望

北方除夕的夜晚，雪花飘飘，孤独的女子倚在窗口深情地眺望，盼望着那个守候了一年的亲人早日归来。此情此景不觉让人想起唐代诗人刘长卿的一首五言绝句"日暮苍山远，天寒白屋贫。柴门闻犬吠，风雪夜归人。"画面用剪影画法，用大面积的灰调子，烘托了整个画面的孤独气氛，而窗外留白的半轮明月，则使沉闷的画面为之一振，那是生活的希望。

桥洞上的人家

　　山城磁器口内的清水溪蜿蜒着穿过镇内的座座拱桥终于到达了嘉陵江边，溪边桥上的吊脚楼多姿多彩，巧妙地将桥和建筑整合为一体，不仅让人想起了佛罗伦萨著名的维琪奥桥。我用明暗对比之法将画面的前、中、后景分开。

布衣人家

　　这是山城磁器口镇里的一个普通农家院，建筑简单但环境复杂高低起伏，为此画面通过黑白阴影的对比，突出了作为画面中心的院门，在阴影中刻画了复杂的地形和石头堡坎则是对山地民居地形复杂特征的含蓄表达。

紫气东来松林中

　　颐和园仁寿殿庭院的北侧，在高大殿阁和围墙的夹挟中，有一条幽深的甬道，甬道尽头向右经过一条曲径，在一片高大的常青松柏的簇拥中，矗立着一座关阙式建筑，城关上建有两层阁楼，阁楼四周有刻花青砖砌成的城垛。远远望去，巍峨高大，古意昂然。关城正面题额曰"紫气东来"，取老子出关典故。画面重点刻画了前景随意纵横的松树，与中景端庄威严的城关阁楼，形成了一动一静，一竖一横，一自由一规则的和谐对比。

苍崖时有凤来仪

　　朝阳洞位于青城山主峰老霄顶岩脚，是大自然在距地面十几米高的崖上鬼斧神工般掀开的一条缝隙，分为大小二洞，相距五米。洞口正对东方，深广数米，可容百人。清晨，旭日东升，阳光照在洞内袅袅升起的香烟，熠熠生辉，渲染出一幅超凡脱俗的人间仙境。

　　近代画家徐悲鸿见此美景也忍不住写下了"空洞亲迎光照耀，苍崖时有凤来仪"的诗句。画面用动感的笔触走势、强弱不同的明暗对比表现了朝阳洞的奇，险，仙，绝。

小厢房

　　这是一幅鲁愚力先生钢笔画的临摹作品，描绘的是广西恭城县一处汉族民居中由正房和厢房围成的一个小天井，天井里一棵孤单却顽强生长的盆栽随风摇曳，宁静的树孤寂的院，在雨后明亮的墙面映衬下焕发了生机，为表现这一气氛，画面用明暗方法重点表达

树与墙、光与影的关系，以细腻刻画背景的门窗突出了简约的主景榕树，门廊及门楣遮去厢房檐口的一角，使得厢房不能显示其全貌，然而借用它成为画面的前景，不但丰富了画的内容，同时也加深了画面的纵深感。

无门之门

磁器口的冬天，阴沉寒冷，一个失去门板的大门在风中哭泣，门里门外分隔着两个世界，似乎在述说着一个家族的兴衰。画面以门为中景重点刻画，两棵黄桷树一前一后作为前景和远景，拉开了空间感，一条蜿蜒的石板路穿过大门伸向远方将整个画面串联起来，门前的几片落叶增添了寒意。

廊之春曲

　　五月一个下午的磁器口，阳光明媚，清风拂面、处处洋溢着春天的气息，一条长廊的栏杆准确地抓住了阳光，在地上谱下了一曲欢快的春之曲。

74，老街上的石牌坊

这是一幅鲁愚力先生钢笔画的临摹作品，画中对光的把握值得学习。小的石牌坊，耸立在高高的石级上，受光一侧的白粉墙清净无暇，背光一侧的石墙则显得斑驳而陆离。天空是亮的，远处的白粉墙近乎和天空融成一片，相比之下在近处则显示出一定的灰度。把握住灰白度的过渡，在钢笔画中至关重要，尤其是白粉墙更具一

定的难度，因此，必须仔细观察，精心刻画，而对块石墙则须着重留意它的整体感。拾级而上的踏步，虽然全在暗光之中，但泛起的反光会对画面起到难以预料的作用，而却往往容易忽略。至于整个的石牌坊则用短线和拖尾的点来描绘，目的是画出其质感。

画中画

　　苏州园林中，留园以其小中见大、收放自然的精湛空间艺术而闻名于世。其互相渗透的建筑群组，变化无穷的路径空间，藏露互引，疏密有致，虚实相间，旷奥自如的空间处理令人叹为观止。如入口路径的处理就不同凡响：狭窄的入口内，两道高墙之间是长达50余米的曲折走道，通道内通过环环相扣的空间造成层层加深的气

氛，游人看到的是回廊复折、小院深深是接连不断错落变化的建筑组合。造园家充分运用了空间大小、方向、明暗、层次的变化，将这条单调的通道处理得意趣无穷。画面通过刻画通道内的一个院中院，再现了这一高超的空间处理手法的精髓。

大昌老城门

　　作为宁河沿岸第一大镇，大昌镇历代都是郡县治地，还曾是宁河的重要码头和药材、山货集散地。历史上曾经盛极一时，有"上扼巴蜀，下控荆襄"之说。古镇原有东西南北四座城门，然而频遭战乱后，如今仅剩东南西三座城门。画面采用类似版画的黑白处理手法，用抽象模糊的手法表达了老城门虽然衰败却顽强生存的印象。

阳光与虔诚

　　清晨的华严寺内，梵音绕梁，一束阳光穿过昏暗的大殿照在释迦牟尼微笑的脸庞，阳光融化了神秘，庄严中透着慈祥，引得虔诚的信徒们顶礼膜拜。画面利用明暗对比突出了这束神秘的光，而膜拜的信徒则让光有了神圣感。

一松一亭好自在

　　松是迎客松，亭是迎客亭，松生万丈深渊顶，亭在八方贵客前。一松一亭相对处，松下亭中好自在。画面以一松一亭为中景详细刻画，前景的石头和远景的树林则简约处理，以简衬繁，空间自生。

石板树屋

　　对于居住在石板坡的山城人民而言，人与自然有着一种与生俱来的亲密关系，人们在山上的房子里出生，在山上的树林里成长，抬头看到的是山上的房，低头看到的是山下的树，房与树，树与房就这么浑然一体，你中有我，我中有你。画面用灵活的线条生动刻画了树与屋的关系，舒展的树形和房屋及生活器具的细节描写，隐喻了树屋中发生着的日常生活。

华严三圣

　　大足石刻中的大佛湾华严三圣像，凿于南宋年间，高七米，以高浮雕为主，是中国石雕佛像艺术中的杰作。华严三圣为一佛二菩萨，中间主尊是释迦牟尼佛，左侧侍立着司智慧的文殊菩萨、右为司理德的普贤菩萨。此三尊组成了庞大世界的最高主宰。画面通过明暗，简繁对比突出了中间主尊释迦牟尼佛。

布达拉宫金顶

在布达拉宫的最高处，7 座金光灿灿的鎏金屋顶在高原明
了一幅真实的大地唐卡。画面用强烈的明暗对比表现了光的力

布达拉宫 九九、十 拉萨

浮世绘

这是一幅以线条练习为目的的临摹作品。浮世绘是日本江户时代兴起的一种独特的具有民族特色的绘画和版画艺术，"浮世"来自佛教用语，本意指人的生死轮回和人世的虚无缥缈，其字面意思为"虚浮的世界绘画"。其无影平涂的色彩价值，取材日常生活的艺术态度，自由而机智的构图，对瞬息万变的自然的敏感把握等特点推动了欧洲从印象主义到后印象主义的绘画运动，在西方向现代主义文化的发展中发挥了广泛的影响。

Cuture Center Plan.
suyun 97.5

文化中心设计

　　这是一个文化中心的设计草图，作为母题的三角形玻璃屋顶不断重复、充满灰空间的建筑界面和自由围合的空架攒尖顶以符号的形式共同构成了具有中国园林意向的文化空间。

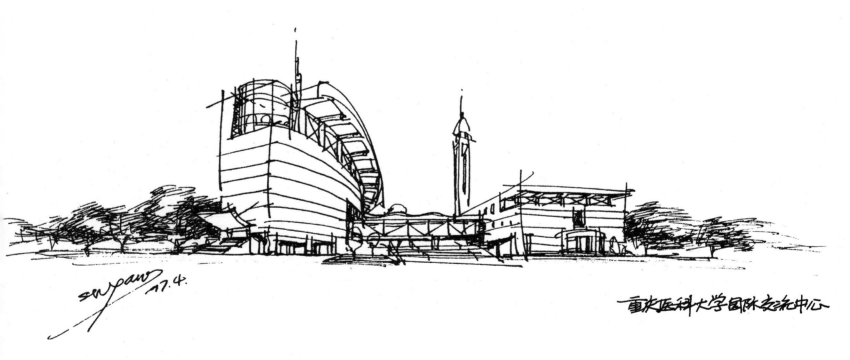

重庆医科大学国际交流中心

重庆医科大学国际交流中心

　　根据交流中心功能特点，将建筑分为三个部分，南北面分别是研究办公和会议中心，中间是联系两者的共享大厅和作为交流中心标志的钟楼，它们点出了交流中心的文化属性。

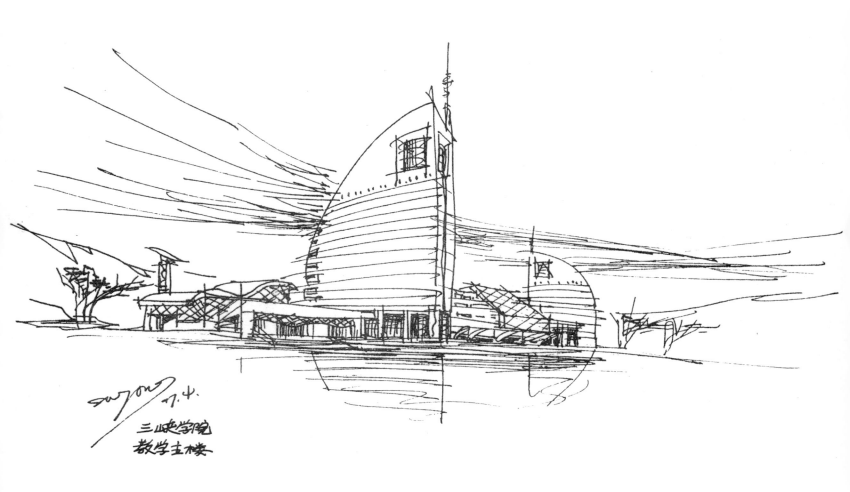

重庆三峡学院教学主楼

这是一个集办公、学术交流、教学为一体的综合建筑，场地位于长江边上，江面上来回穿梭的江轮，悠扬的汽笛声共同构成了场所独特的集体记忆。为此设计以帆为主题，将主楼设计成帆形，裙房设计成类似船甲板的退台形式，用象征手法诗意地回应了这一特殊的场所特征。

重庆药剂学校综合楼

　　这是一个集学生食堂、剧场为一体的综合楼，场地位于嘉陵江边石门大桥畔，整个设计以扬帆起航的巨轮为主题，通过三角形体量、船头形入口、透空式船桅等形式符号隐喻表达了这一构思。

重庆电力调度楼

　　场地位于重庆杨家坪，周边已有建筑参差不齐，形象复杂，因此设计面临的主要问题是如何在保证自身个性的基础上融入整体环境。为此建筑选择完形强烈的圆形为母体以突出其个性，再按四分之一圆形方式将整圆切割成三个部分后螺旋上升，形成既统一又有变化的体量，成功回答了个性与共性共融的问题。

建筑展览中心

　　场地位于广州，作为中国最大、历史最悠久的对外通商口岸和海上丝绸之路的起点之一，中西文明交汇是广州最大的城市特征。为此，在建筑展览中心设计中，采用拼贴的手法，将中式庭院、西式骑廊、欧式钟楼、现代锥形体量杂糅在一起，以浓缩地方式再现了广州城复杂的城市特征。

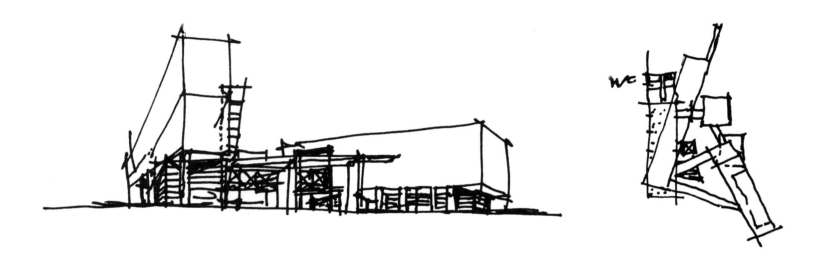

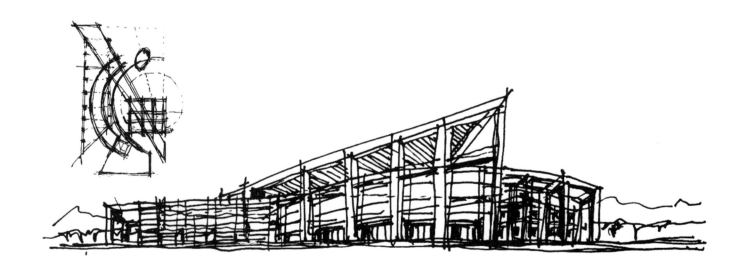

长沙妇女儿童活动中心

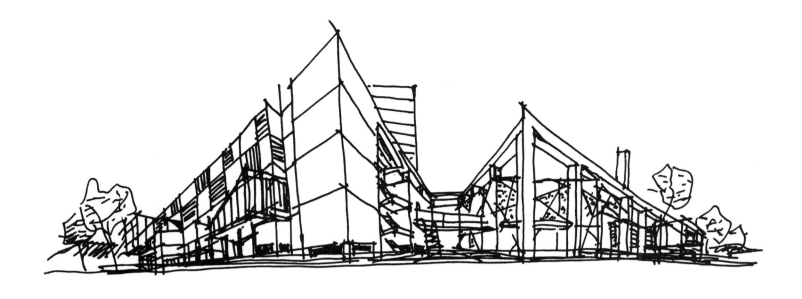

南京江宁商业中心

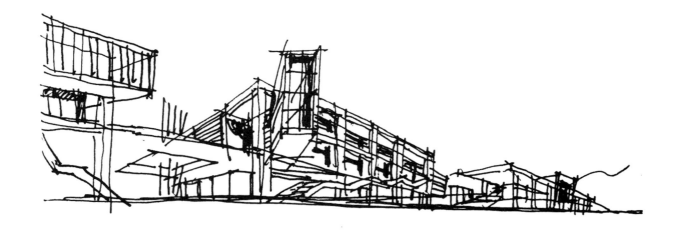

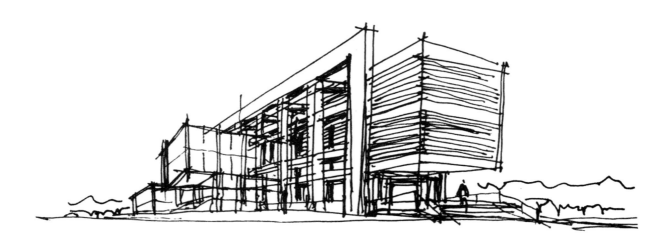

南京东大商业街

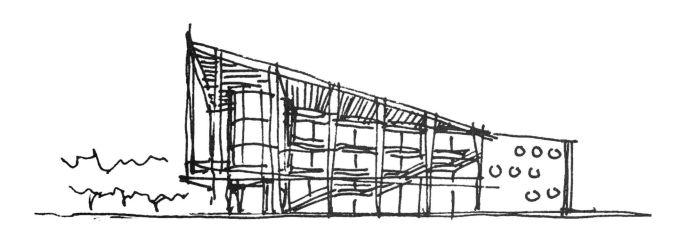

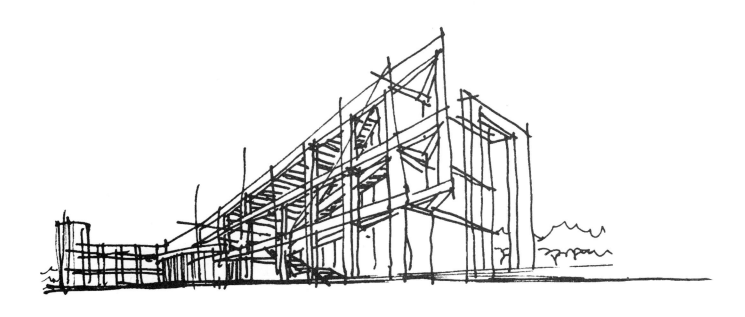

南京东大商业街

南京东大商业街

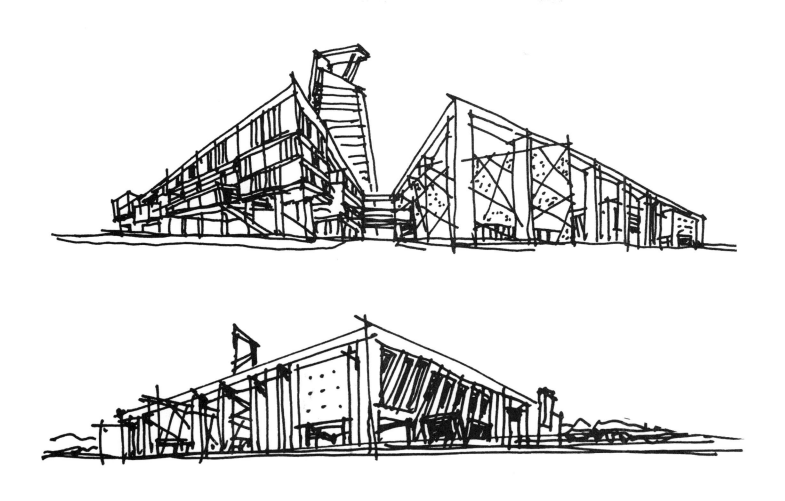

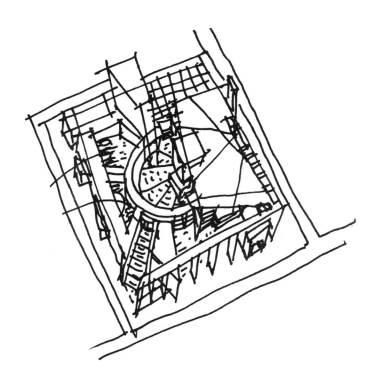

马鞍山大学城商业中心

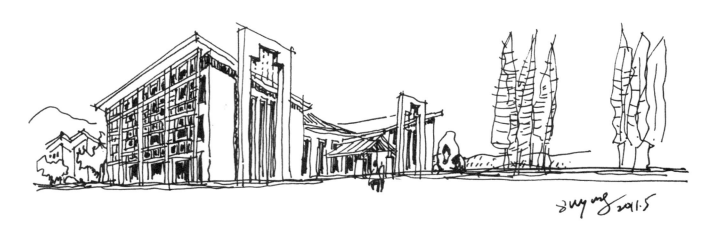

安徽省地税局汤池培训中心

绿色艺术之家

妫河艺术创意聚落

磁峰艺术馆

赤峰运动技术学院

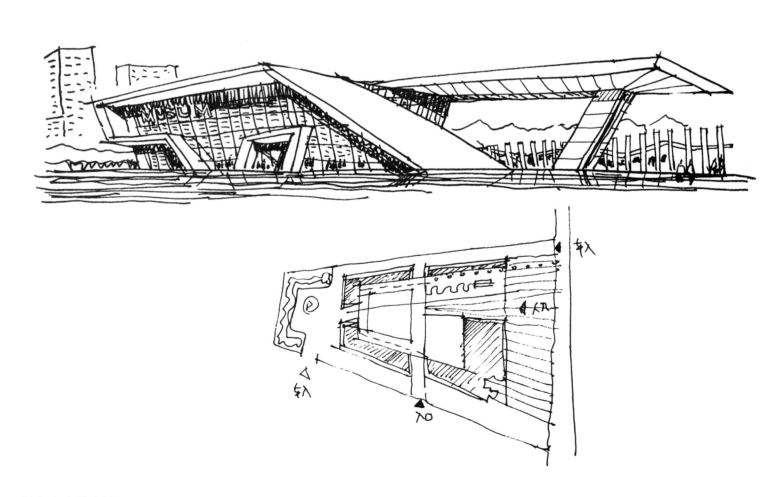

林东七中体育馆

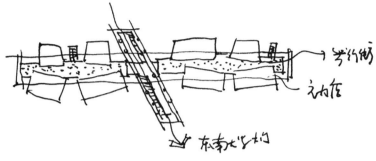

东大商业街

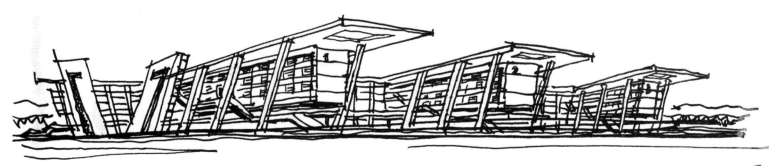

南京邮电小学

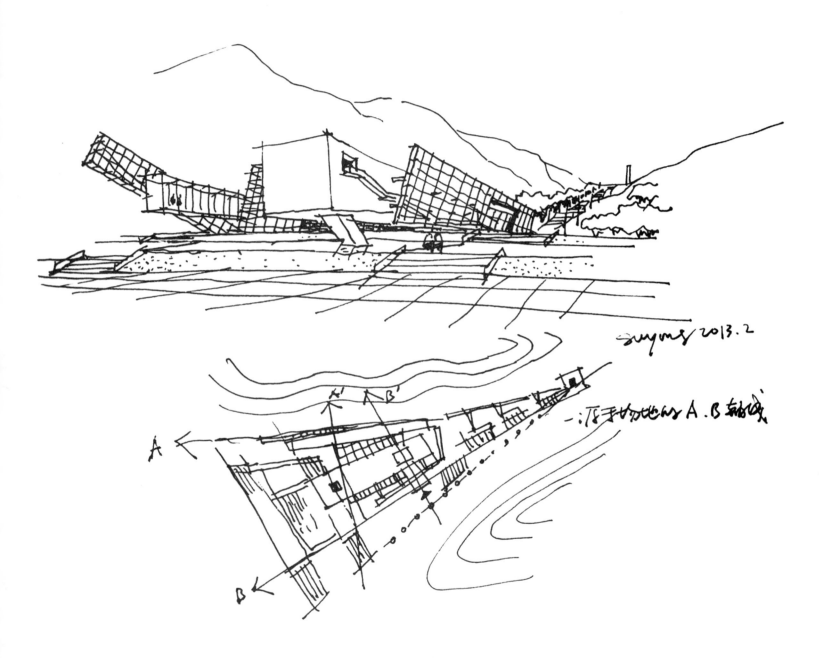

印象五台山剧场

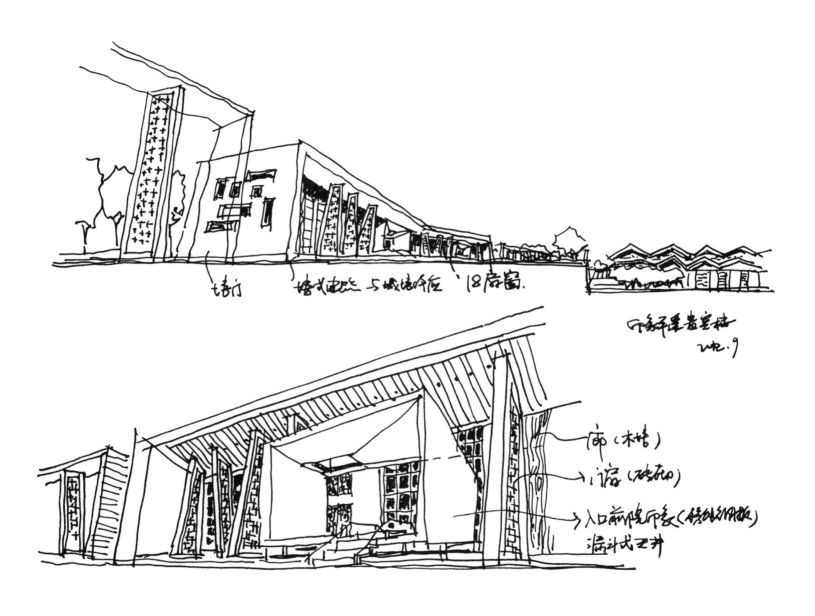

印象平遥贵宾楼

中与西·新与旧的融合

国检大厦

印象五台山剧场

某办公楼

林东汽车站

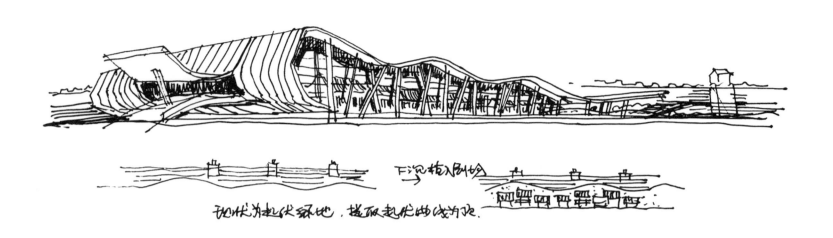

现状为起伏绿地，提取起伏曲线为次。

下沉插入剧场

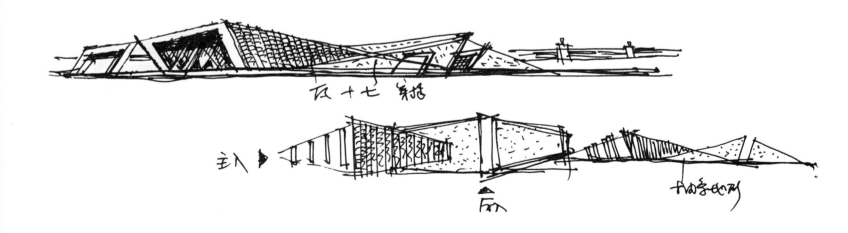

反十七 节摇

主入

扇

抽象地形

印象平遥剧场

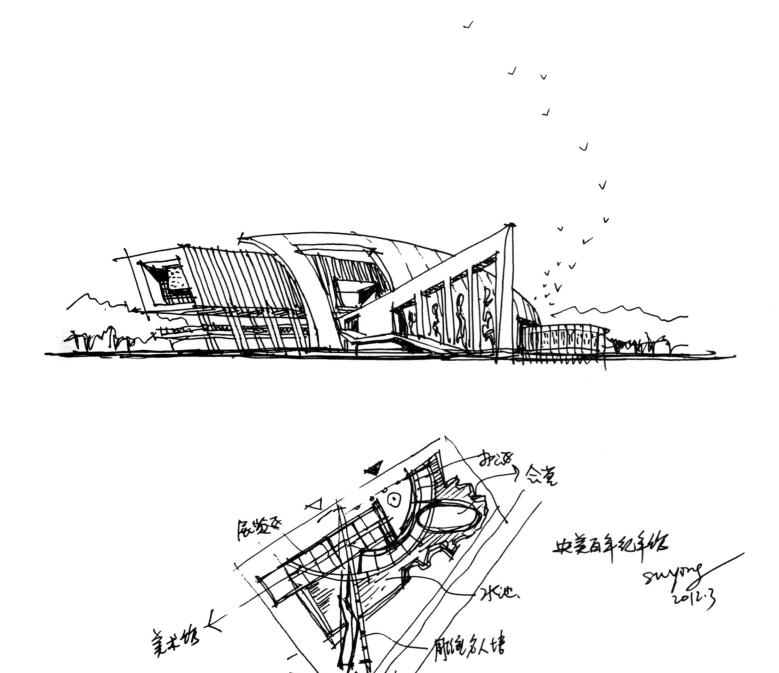

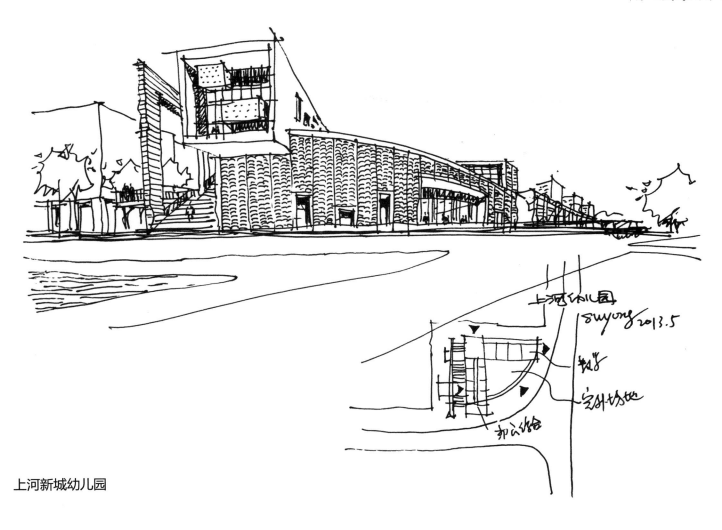

上河新城幼儿园

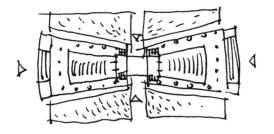

内蒙古师范锦山中学报告厅

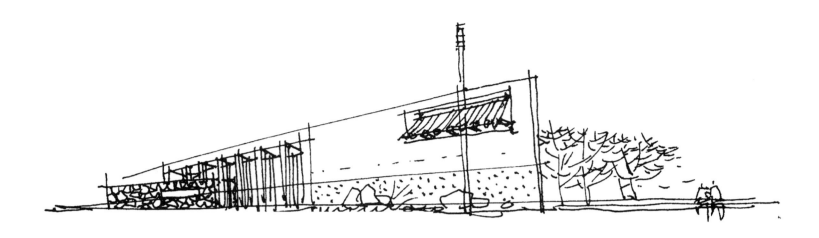

林西公园大门

空军合同训练保障楼

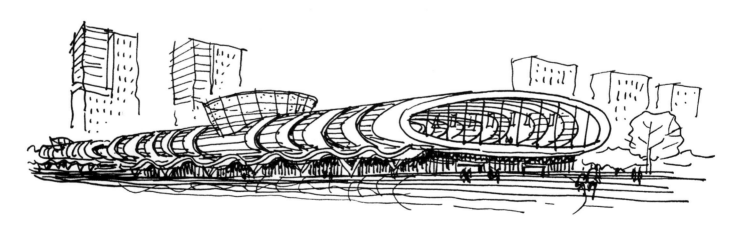

平庄体育馆

赤峰商贸城展销厅

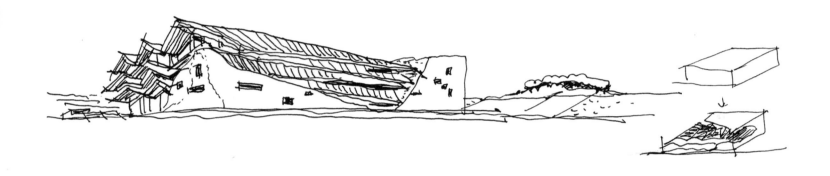

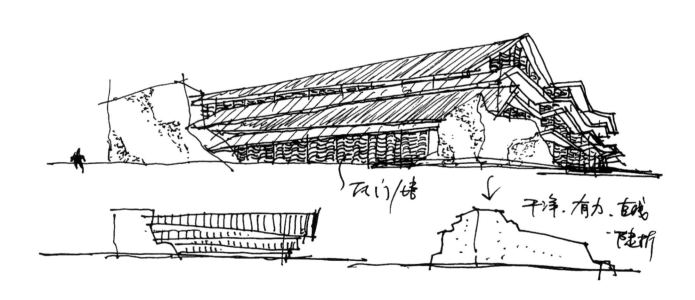

瓦门/墙

干净·有力·古朴
陡走折

印象平遥国际演艺中心

后记

　　随着我国建筑设计市场的繁荣，作为建筑、规划和景观设计基础的建筑速写类出版物已并不鲜见，尤其是作为教材，针对不同专业方向已有许多版本。然而这些图书的作者多为高校美术背景的教师，而我则试图从一个经过十多年建筑规划学习的学生和从事多年建筑规划教育的建筑系教师角度，以自身的学习和创作的体验，介绍我对建筑速写的认知和感受，相信会更接近建筑、规划和景观专业学生在建筑速写学习过程中的困惑和需求。另外，我还尝试将速写与文字结合，呈现我画速写时的所观、所思、所想和所画之间的关系。相信这种图文并茂式的解析，会更有利于学生对建筑速写作品的理解和把握。

　　回想自己学习建筑与规划设计二十多年的历程，既有初学时的青涩，突破时快乐，又有停滞时的彷徨，重新出发时的释然，酸甜苦辣仿佛就在眼前，历历在目。闲暇里翻开自己往日的速写本，思绪就犹如穿越时空隧道，回到了过去，一个个作画时的情景在脑海中如电影般呈现，你看到的已不只是一幅幅的画，一个个的文字，而是生命里的一个个脚印。跟随着这些脚印，你会发现美丽的自然，深厚的文化，消失的历史，还有百味杂陈的人生，苦乐相随，意味深长。可以说，建筑速写已融入我的生命，成为我人生不可或缺的一部分，与它同行我受益良多。

　　这本书搜集了我上大学以来到中央美术学院任教之后在各地创作的 300 多幅速写，既有写实风格的作品，也有写意风格的作品，既有作学生时的习作，也有当老师后的创作，既是我学习建筑、创作建筑、教育建筑之路上的生活记录，也是我认识世界、探索未知、感悟人生的心路历程。我希望通过不懈的努力能在自己的艺术人生中不断接近嵇康先生"俯仰自得，游心太玄"的境界，也希望这本书能为学习建筑、喜欢建筑的人士在理解建筑速写和创作建筑速写的道路上提供一些借鉴与参考，这既是本书的初衷，也是本书存在的意义，是以为记。